自慢10

18項修煉

成就自我、人生快意的必修課

商業周刊超人氣專欄作家

暢銷書《自慢》系列作者

何飛鵬

【自慢】

日文中形容自己最拿手、最有把握、最專長的事。

形容自己的拿手與在行，是不是比別人更好，其實不知道，但絕對是自己最自信、最有把握的事。

自序 人生的三個境界

我六歲喪父，媽媽帶著我們八個小孩辛苦長大，我能順利讀完高中、大學，全靠姊姊們輟學打工。我從小就知道生活不易、生存困難，因此當我大學畢業，就沒有打算再進修，只想早早投入職場，能賺點錢，讓媽媽不用再辛苦，日子能過得好一些！

從小我聽媽媽說：我爸爸曾經做過大生意、賺過很多錢，雖然後來生意失敗，但我們家見過大世面，我心中的目標也就不只是能過日子而已。我不只期待賺錢，還期待賺很多錢，多到我花任何錢都不用思考，毫不猶豫，可以隨心所欲，這就是人生的財富自由。

這是我人生的第一個境界：財富自由，人生快意，完全不用為錢擔心，想花錢就有錢花，不用是億萬富豪，但要財用不缺。

這個境界花了我半輩子去追逐，一直到我五十歲，才勉強算是達成。

當我有了一些錢，我首先給家裡買了一戶房子，按照自己的想法做了裝修，住進了有自己特色的房子。我也給自己換了一輛新車，不到百萬的休旅車，好用不張揚，這些都是中產階級基本的生活，這樣我也就滿足了！

我唯一的豪奢生活是家中魚翅不缺。小時候在大拜拜的筵席中，偶爾夾到一根魚翅，就覺得那是人間美味。五十歲後，我變成迪化街南北貨行的大戶，泡好的魚翅、燉好的雞湯、碩大的鮑魚、上好的香菇，一年總要去買個幾次。三不五時，清早醒來，一碗排翅雞湯，就是人生享受。

只是這種日子過沒多久，我因看到鯊魚被虐殺的影片，從此不再吃魚翅，我的人生奢華享受也沒了！

我這樣謹小慎微地過了很多年，終於確定我這一生不缺錢了，因為我毫無奢華可言，雖然錢不多，但也夠用，一生不缺。那是十分痛快的感覺，我從此不用為錢擔心，可以真正無憂無慮地過日子。我真正達到了財富自由、人生快意的境界。

不用擔心錢、不用想未來要如何過日子，讓我能真正享受人生，在每天的生活中，我可以靜下心來感受每一刻，悠閒地吃飯、輕鬆地散步、快樂地工作、寫意地旅行，我完全拋開了心中的憂慮，真正地活在當下。

財富自由、人生快意是人生成功者要達成的第一境界。

當我得到財富自由之後，我開始問自己另一個問題：我是什麼人？別人如何看待我？我有沒有對不起別人？我是別人想親近的人嗎？別人會尊敬我嗎？

這一連串的問題，都牽涉到我這一生與別人的互動，而重點就是在我有沒有做了對不起別人的事，讓我自己留下了終身的遺憾？

當我午夜夢迴、往事歷歷回顧時，一切都逐一浮現在眼前。

我一生最對不起的就是我媽。她含辛茹苦養育我長大，而當我過上好日子時，我沒有在身邊奉養她，她跟著三弟住，為三弟帶小兒子。更重要的是，我和她相處溝通時，並沒有好口氣，常不歡而散。

而當我覺醒該孝順時，媽媽已臥病，不能溝通，我縱有千言萬語，也無從表達了。

我一生還做了許多不堪的事，為了應徵工作，塗改成績單。大學考試時，帶小抄被老師抓到，所幸老師放我一馬。年輕時，脾氣不佳，常因小事與人爭執，甚至大打出手，大家都認為我是不易相處的人。

在工作上，我是極固執的人，經常必須按我的方法做事，我不能接受別人的意見，因而經常與同事、夥伴起衝突。

我曾因為衝突而掉頭走人，離開團隊；也有夥伴因而離開我們，這都是令人遺憾的事。

為了做生意，我曾經栽競爭對手的贓，讓他莫名其妙就出局。我也曾經用了一些見不得人的手段，以完成工作任務。這些事，雖然都沒有曝光，也沒人知道，我也僥倖得手，可是事後回想，我無法接受這就是我自己，我悔恨莫名。

這些都是「小人」行徑，我竟然做了許多小人的事。這與我自己期待的正直、正派、表裡如一的「君子」，有天壤之別。

我痛苦、我懊悔，可是我無法回收我曾做過的事，我曾經是「小人」。煎熬久了之後，我終於徹悟：過去不能改變，但未來可以改變，我可以從今天開始做「君子」，這開啟了我切磋琢磨期君子的旅程，不再做任何對不起良心的事。

這是人生的第二境界。嘗試去做一個正直、正派、仰俯無愧的君子。

在探索自我，嘗試去做君子的同時，我也開始探索人生的意義，我發覺人生快意、衣食無虞，這只是對自己的交代，而對社會、對人類，人還有另一種境界，那就是做一個回饋貢獻者，付出自己的一份心力，貢獻社會，並嘗試改變世界，讓世界更美好。

如果能對社會中需要幫助的人伸出援手，這就是回饋；如果能在我們的財富中撥出一部分，讓社會弱勢群體得到改善，這也是回饋；如果能對社會中存在的不足或不滿，提供解決方案，讓社會更美好，這就是貢獻。回饋貢獻者是人生的第三境界，是真正對這個世界有價值、有意義的人。

許多有錢人，取之於社會，用之於社會，把財富大部分捐作公益，傳為美談。許多人用一生的努力，對世界做出改變，讓人類向前推進，變成典範。我們沒有能力做到這些，但仍可做出一些能力所及的貢獻，一樣可以成為具體而微的「回饋貢獻者」。

這是我一生追逐的三種境界：從個人成功者，財富自由、人生快意；到正派、正直、仰俯無愧的君子；再到社會的回饋貢獻者，對人類社會做出具體而明確的改變。這是走一步、看一步、想一步的過程，看看最後我自己能達到什麼境界，也看看自己最後人生的蓋棺論定，會是一個什麼樣的人。

前言
如何達成人生成功者的境界

我是在不知不覺中踏上人生成功者的探索之路。

我剛踏入職場時，只有「領一份薪水以改善家庭生計」的想法，但是從小母親的身教，讓我有了很健康的人生態度，媽媽告訴我，天無絕人之路，只要努力一定會有好的回報；媽媽還告訴我，天下沒有解決不了的事，只要努力，明天就會變好；媽媽還說：只要肯學，沒有學不會的事；媽媽又說：人要守本分，不能做對不起別人的事，人要誠實，不能說謊，人要刻苦，不可愛慕虛榮、貪圖享樂。

秉承這些教訓，我全力以赴，認真工作，很快就變成職場明星，升遷加薪，似乎都是理所當然的事。

因為被認同、肯定，我就更有動力努力學習。也因為我可塑性高，不挑工作，所以主管經常指派各種不同的差事，讓我嘗試，我也勇於接受挑戰，完成了許多極為困難的任務。

在工作中，我慢慢體會出職場中的真理：擁有自慢絕活的人，是職場中不可或缺的角色，不但可以領高薪、受重視，而且可以得到表現的機會，成為組織中的核心戰力。

因為這樣，做什麼工作？完成什麼任務？已經不是我重視的事；而能否學到新的能力？能否調整我的心性？是否有新的學習機會？變成我最關注的事，我知道：只要我的能力增加，我未來就有無限可能。

學任何事物，我不只要學會，而且要做到熟練，要做到最好。我不只是業餘的工作者，我更要有職業水平。

做任何工作，我不只是要把工作做了、做完；我更要求自己要做對、做好。要做對、做好，就要找到最有效率的方法，不斷精進學習；還要反覆練習，務必做到每次都能精準完成，而且要用最快的速度完成。

遇到任何問題，我不只從表面解決，我還要追根究柢，探索問題的根源，從問題的核心，尋求徹底的解決，讓問題不再發生。

這是一個永無休止的修煉過程，不只是修煉能力，更是修煉心性。

不論是修煉心性或能力，其實都是在對抗人性的弱點，人生來就有許多弱點，要成為成功的人，首先就是要克服這些弱點。

人性的弱點非常多，包括：

❶人性的基本需求是存活，所以每個人都期待活得安定、舒適，不想改變。

❷每個人都有無窮的欲望，想過好日子、貪圖享樂，不願做辛苦的事。

❸每個人都有自利之心，要得到最大的利益，因而就自私、貪心，不願與別人分享。

❹每個人都以自我為中心，很容易自滿、自大、驕傲，不願承認自己的錯誤與缺點。

❺每個人都期待自由，可以隨心所欲，不願意被限制、被規範。

❻每個人都喜歡比較，不願輸給別人，見不得別人好，心生嫉妒，氣量狹小。

❼每個人都期待速成，快速看到成果，都選容易的事做，挑好做的事做，不願下苦工，忍受煎熬。

❽每個人對環境、變動、陌生的事物，都心存恐懼，害怕困難，遠離危險，不願面對挑戰。

❾每個人都有惰性，不願去做辛苦的事，只要稍有麻煩、困難，需要花費較多勞力，大家都會選擇放棄。

這些弱點的克服，首先需要心性的修煉，把自己變成價值觀正確、態度健康、凡事正向思考、願意努力不懈的人。

人必須要克服欲望，不要養成奢華的習慣，讓自己在任何環境都可以存活。

人也必須克服害怕與恐懼，相信自己的能力，可以達成不可能的任務，可以克服挑戰。

人也要克服自私、自利的天性，願意和所有人一起工作、一起分享，要能欣賞別人的優點，肯定別人的貢獻，這樣才能集合大家的力量，成就不凡的事業。

能與人合作的人，也才能獲得別人的信賴。

人如果能克服自大驕傲，那就可以承認自己的弱點，虛心檢討自己的錯誤，這樣才能學到經驗，記取教訓。

修煉心性之後，接著就要修煉自己的能力，好的能力可以讓我們會做事、做對事、做好事，用最低的成本得到最大的效益。

要修煉能力，首先要克服的最大缺點就是惰性：不喜歡去做辛苦的事。因為能力培養，必然會歷經長期的辛苦學習，反覆練習，甚至不斷嘗試錯誤的過程，過程中寂寞、無聊、痛苦、煎熬，因此不論是要培養自慢的專長，還是要學會做生意、對數字敏感，都需要壓抑惰性，勤奮學習。

要修煉能力，其次要克服的缺點就是貪圖容易，喜歡速成，選擇好做的事。所有的能力，都極不容易，不可能速成，也不好做。

要真正做好事情，徹底解決問題，就要追根究柢，這是難走而緩慢的路。要精通專長，也是一條漫長的學習之路。

要學會分析思考，對數字敏感，或者會做生意，也需要在日常生活中反覆練習，不斷試誤，才能學會，這也都無法速成。

而手腳俐落、動作迅速，也是要經過長期的摸索學習，才能找到最佳化的工作方法，也不是好做的事。

而要喜歡讀書，終身學習，更是一生永無止境的追逐，不可能速成。

能力的修煉，就是要滴水穿石、鐵杵磨成針，忘記容易、好做的事。

自大、驕傲也是能力的絆腳石，自大就自滿，就自以為是，使能力停在原地，不可能精益求精。

自由、隨性也會阻礙能力的修煉，自由為所欲為，隨性會破壞紀律，使人無法持續地追逐能力的成長。自由隨性更會使守時精準的習慣無法維持。

我在自我修煉的過程中，發覺每一項修煉背後都隱含一個或多個人性的弱點。修煉不只是要修煉能力，更是要面對人性的弱點，對症下藥，去克服改正，才會有所成。

目錄

第三項修煉　自律嚴謹

第四項修煉　挑戰自我

第五項修煉　知錯能改

第二部 能力的九大修煉

第十一項修煉　精通專長

第十二項修煉　會做生意

第十三項修煉　分析思考

第十四項修煉 數字敏感

第十五項修煉 解決問題

第十六項修煉 手腳俐落

第十七項修煉　守時精準

第十八項修煉　喜歡讀書

後記

第一部

心性的九大修煉

人一生的成就和心性有絕大關聯，心性指的是人的信仰、價值觀和態度。信仰是認知到我是誰？人活著要做什麼？死後要往哪裡去？是對人生最基本的認知。

大多數人的信仰依賴宗教，相信善惡終有報，不可胡作非為。價值觀則是對人生的看法，而態度則是基於價值觀所產生的人生行為準則。如果我們相信努力必有回報，那我們就會有樂觀、全力以赴的態度。如果我們認為人生要利他，那我們必樂於助人、用同理心待人。

心性的修煉就是從信仰到價值觀的正確，從而衍生出正確的行為態度。人要有成就、要有成功的一生，就必須培養心性，修煉正確的心性。

正確的心性來自與人相處的練達、圓融、誠信，多給少取，簡言之就是要為人厚道，因為厚道，所以能廣結善緣，得道者多助，自然能成就不凡的格局。對人厚道，於己就能仰俯無愧，不欺我心，一生不會對不起任何人，變成頂天立地的君子。

心性正確之後，就可以把心性轉化成做事的態度，而正確的態度會確保做事的成功。

態度要從規範自己開始：要讓自己能在最基本的生活要求下存活，要使自己成為能適應任何環境的人。

要讓自己成為能自律的人，克服惰性與欲望，去做該做但艱難的事，也不過度享樂。

要對自己有自信，相信自己能做到不可能做到的事，要勇於做自己，不懼外界的評價。

要設定高目標自我挑戰，隨時強化自己的能力，面對困難。

要知道自己的短處，要記取錯誤，不再犯同樣的錯。

要行事果決，以速度取勝，不讓猶豫阻礙行動。

要能與其他人協調合作，能分享成果。

也要成為能讓人相信的人，才能廣結善緣，得道多助。

要敬畏環境，隨時求新求變，遠離舒適圈。

所有心性的修煉，最核心的關鍵就在克服我們內在的「心魔」，心魔是我們會自然形成的「定見」，如「我不要」、「我做不到」、「我不喜歡」、「我沒錯」、「我就是這樣的人」、「這種人我不能相處」、「我不能改變」。

這些「定見」，只是我們先入為主的成見，其實只要趕走「心魔」，轉個念頭，一切都會豁然開朗。

克服心魔、改變定見，心性自然改變，人生觀、態度也就不同了！

第一項修煉

適應環境

人生在世，先求存活，要存活，首先就是要能適應環境，所以學會適應環境，是人生最重要也最基本的第一項修煉。

要適應環境，第一要維持最低的生活水準。習慣了較高的生活水準，當環境改變，我們為了存活，代價就變高了，所以不要養成錦衣玉食的生活習慣，簞食瓢飲就能度日，是最安全的生活態度。

其次適應環境要能與人共事，任何人都可相處，討厭的人、麻煩的人、難搞的人、性格南轅北轍的人，我們都要可以共事，可以相處，這是最基本的習慣。

要維持最基本的生活水準，不代表一定要安貧樂道，絕對抵制奢華的消費。在我的衣櫃中也有我很喜歡的衣服，是我花高價取得，但數量不多。我偶爾也會去吃美食，感受一下頂級的口味，但這也都是止於增廣見聞，嘗試體驗，並非日常的生活習慣。

1-1 能適應環境的人

人活著要與外在環境共生，要與人群互動，沒有人可以挑環境，也沒有人可以挑共事的人。對環境、對人，我們只能面對，只能適應，對任何環境都能適應的人，具備了最大的生存空間；和任何人都能相處、共事的人，可以成就人生最大的可能。

我的一生從未對環境的不適應感到困擾。

出國我不挑床、不挑房間、不嫌枕頭。

有一次去西藏，前五天都無法洗澡，同行者抱怨連連，可是我忍一忍就過了。

我從不挑食，在路邊攤，坐下來就吃，一碗滷肉飯，一碗陽春麵，我也以為是人間美味。

身上穿的少有名牌，只問衣服我喜不喜歡、好不好穿；買了名牌衣服，我一定要把露在外面的名牌剪掉，避免別人看見。

我不想讓我的生活水準提高到我必須花較多的錢去維持，我只要最低的生活水平就能存活。

我的一生也從未因對組織不適應而換工作，只要上了班，我就能適應公司的制度。我只問這個工作能學到什麼？未來的發展是否有前景？工作的內涵是不是我有興趣的？其他的一切物質環境、制度、規定、薪水待遇，都不是我重視的，我的邏輯是一切環境「習慣就好了」。

我的一生，也沒有不能適應的人。任何人都是人生中的緣分，談得來的就多相處，成為一輩子的朋友；談不來的，就是點頭之交；麻煩的人，敷衍應付了事，也不用惡言相對；討厭的人，則盡可能保持距離。

若不幸遇到麻煩不講理的壞主管，保持距離不可能，還必須每日相對，這時我也會把這個緣分當作是人生中必須經過的修煉，設法了解他、適應他。還告訴自己：如果連這種人都能相處，那普天之下就沒有不能相處的人，這不是強化了我的待人能力了嗎？

適應環境的能力是人生中極重要的特質，代表一個人不論在如何惡劣的環境都可以存活。為什麼恐龍會滅絕？就因為牠只能在某一種環境中才能生存，一旦環境改變，恐龍就活不下去；蟑螂為何能在地球上存活億萬年，因為牠對環境的要求很低，任何惡劣的環境都能適應。

吾少也賤，只能過著最簡單的生活，長大了也習慣了簡單的生活。錦衣玉食我雖也可以體會，也能享受，但仍然保持簡單生活的本我，甚至最基本的簡單生活，才是我最自在、最習慣的生活方式。

人一生活在環境之中，環境是不容易改變，甚至是不可改變的外在牢籠。如果對環境不適應，只有兩種對待方式：一是逃離，另一是改變。逃離之後仍然可能繼續遇到不適應的環境，並未真正解決問題；改變則風險太大，人要與環境對抗，成功者少之又少，大都是改變不成，反而成為環境的棄兒！

因此我一生選擇適應環境，把自己變成一個最能適應環境的人，不要花時間、精力去選擇環境，反而把最多的時間精力用在學習成長之上，努力強化自己的能力，然後用能力來完成自我實現，以取得人生的最大成就。

後記：

❶ 由儉入奢易，由奢入儉難，要適應環境，就要保持最低、最儉樸的生活水準，只要常保最低的生活要求，就能適應任何艱困的處境。

❷ 任何奢華習慣的養成，都代表適應環境的能力會降低，盡可能不要養成奢華的習慣。

❸ 一樣米養百種人，人無奇不有，要學會和所有的人相處，越難相處的人，越能考驗自己的能力。

1-2 沒有不能相處的人

爸爸很凶、很嚴厲，弟弟很愛鬧，妹妹很愛哭，老師很嚴格，同學常爭風吃醋，上司、主管很不講理，要求很過分，同事心機很重，爭功諉過，客戶很難纏，生意很難做，為什麼我遇到的都是很麻煩的人，我日子要怎麼過呢？

我人生第一個工作就遇到幾個十分麻煩的同事。

一個是霸道喜歡當老大的人，我們雖然是同事，可是他老是喜歡指使別人做事，倚老賣老，口氣就像是個長官。

另一個是工於心計的人，做起事來老是挑最容易做的事，事後檢討他經常爭功諉過，再加上主管不甚英明，他的算計經常得逞。

還有一個則是嘴巴很甜，很善於逢迎拍馬，經常阿諛主管，對同事雖然沒有傷害，可是這是我不喜歡也不屑的人。

我常想：為什麼第一個工作就到了強盜窩，老遇到麻煩的人。

可是那工作是我喜歡的工作，不可能換工作以避開這些人，只好嘗試去相處。

對那個喜歡當老大的人，我採取忍耐策略，能避則避，能躲則躲，盡可能離他遠一點。

對那個工於心計的人，我則正面迎戰，做好自己的事，也盡量讓主管看到，讓他占不到我的便宜。

至於對那個逢迎拍馬的人，我則冷眼旁觀，看他能得到什麼好處，也學學該怎麼說話，可以讓主管高興。

日子久了，也就習慣這些麻煩人了。

之後，我又遇到幾個麻煩人。

一個是非常不講理、自以為是、極霸道的主管，他經常會分派一些不可思議的任務，既不給資源，又不問難度，卻強迫我完成。剛開始我痛苦不堪，因為都是不可能的任務，有的任務我勉強完成五〇％、六〇％，有些任務以失敗告終，所幸他對結果是諒解的，只要我努力去試，他不會強人所難。我因此開始理解主管的不講理，能力也因而增強。

另一個是能力很差、很笨的主管，剛開始我非常困擾，心想在這種笨老闆底下做事，一定不會有好成果，我也不會有所得。可是我仍全心全意為他做事，卻發覺他很好溝通，對我的意見幾乎全盤接納，我幾乎是代替他在做主管，反而得到很大的發揮空間。

我也遇到一個工作夥伴，我發覺他是一個心術不正的人，老是想算計我、排擠我，可是他的工作能力甚佳，能做事，也因為他能做事，所以我繼續忍耐他的算計，可是日子久了，反而讓我見識到了職場中的權謀與鬥爭方法，我學到了在複雜環境中的生存法則。

最後我慢慢領悟出一個道理：人一生中一定會遭遇各種麻煩人，而我們不能挑選，一定要學會與各種麻煩人一起工作的方法，最好的信念就是：「沒有不能相處的人」。任何人我們都要想出相處與對應之道，只要學會，我們就再也沒有不能相處的人。與麻煩人相處，也是存活的基本能力。

從此以後，我只要遇到很難相處的麻煩人，就把它當作是人生的試煉，我不會抱怨，反而有一些遭遇挑戰的興奮感，想看看自己如何去適應克服，每多遇一個麻煩人，我的能力就又增加幾分。

後記：

❶世界就是萬花筒，存在著各式各樣的人，而人就是一定要活在世界上，離開一個土匪窩，進入另一個強盜窩，幾乎不可能找到一個平靜的樂土。

❷人不可能不墜紅塵，唯一可行之道，是要不昧紅塵，要找到與所有麻煩人相處的方法，那就可以悠遊度日。

❸因為麻煩人而逃離現有的環境，是最笨的方法，因為下一個環境，還是會有麻煩人。

1-3 搬出王子，住進民宿

一旦習慣了高級的生活水平，就很難回歸平淡，因此，如果自己沒有能力支付高級的生活水準，千萬不要養成奢華的生活習慣。

數十年前的一段經歷，一直長記我心，我永遠拒絕自己負擔不起的奢華。

我永遠記得第一次出國去日本的情景。

當時我是應日本交流協會邀請，參加為期一週的赴日友好訪問團，對於這群台灣記者，交流協會一向以最高規格接待，住在東京時，安排了高級的王子飯店，我們享受了一週最豪華的服務。

因為我們難得去日本，所以在接待結束後，我們多安排了兩、三天的延伸行程；由於經費要自付，因此其後的住宿，我們選擇入住很便宜的民宿。

我記得那天，我們從王子飯店離開，叫了計程車，在東京的街道上七彎八拐，終於來到位在小巷中的民宿，相較於前七天所住的五星級飯店，我在情感上很難適應，這真的有天壤之別。

這種「搬出王子，住進民宿」的場景，永遠烙印在我心中，而我也花了很長的時間才適應這種情境。

我要不斷地告訴自己，前七天的經驗是幻境，不是真的，而現在住在民宿，才是真實的，才符合我真正的生活情境。

我不得不承認，人非常容易被寵壞，只要吃了美食、住了好旅館、接受了精緻的接待，就會習慣，以為這是理所當然的對待，一旦接待的規格降低，就會不適應。

剛住進民宿時，我自怨自艾，為什麼我負擔不起好的飯店？為什麼我只能如此？有什麼方法可以享受比較好的待遇？

其實方法是有的，只要我解釋為因公出差，就可以不必住民宿，可以住在比較好的飯店，雖然比不上交流協會接待的水準，但也不至於造成這麼大的情境落差。

但我不能這樣做，一來是報社稽核很嚴格，由不得我做這樣的事；二來，我也無法對自己的內心交代，做這種假公濟私的事。

從此之後，這一生我總在與幻境對抗。只要因公事出門，我通常會得到很好的待遇，我就告訴自己，這不是真的，我不能習慣這種待遇，我只是偶爾誤入的路人甲，拿掉公司的頭銜，我什麼都不是，我不能習慣被招待。

這是痛苦的自我考驗，因此就算住在四季飯店，我除了掀開被子睡覺外，我不敢去使用其他豪華的設備，不敢真正去享受，生怕自己會上癮。

這種考驗一直到五十歲，才逐漸免除，因為自我能力的改善，我出國旅遊不再限於預算，才不再有此顧慮。

後記：

❶非自己能力所能負擔的奢華，一定不能當真、不能養成習慣。

❷每個人都可以對奢華的生活閱歷豐富，但也要對平凡生活處之泰然，逛夜市、吃路邊攤、買地攤貨，對我而言，仍然樂趣十足，我十分享受這樣的生活。

第二項修煉

充滿自信

人生不能白來，總要做一些驚天動地的大事，這樣才能讓自己財富自由，人生快意。要做到自我實現，就必須相信自己，相信自己能做到困難的事，挑戰自我，所以人生的第二項修煉，就是要充滿自信。

要做到充滿自信，就要絕不對自己說「不」，任何事都勇於嘗試，相信自己有快速學習的能力，不會的事也能很快學會。

充滿自信，其次就要擁有自己的主見，不妥協於世俗的觀點，敢與眾不同，不至於因世俗外界的評價，而傷心、害怕、自我折磨。

世俗的觀點是一件可怕的事，它會阻礙我們創新與突破。創新必定違反常理，也對既成社會造成破壞，因此大多數人都會認為不可行。這時候我們就要有自信，相信自己的想法是對的，勇於打破「從眾」的習慣，勇敢地去做與眾不同的事，所以自信也是創新的開始。

而充滿自信，也會使我們敢放手去做，在組織中敢說敢做敢承諾的人，一定是對自己充滿自信的人。

2-1 培養自己成為一個充滿自信的人

當我們遇到從未做過的事，我們是認為一定學得會，勇於學習面對呢？還是害怕、逃避，不敢面對呢？

這涉及一個人對自己是否有信心，有信心的人，會勇於嘗試、勇於學習，雖然可能會犯錯，可是會在錯中學會。

我二十歲的時候，我們幾個兄弟姊妹開了一家小型超市。為了送貨，我們買了一輛小廂型貨車。新車交貨時，我好奇地檢視新車，問在一旁的二姊怎麼開，二姊便向我簡單解釋了一下，接著我就拉著二姊去試車。

二姊大概開了一百公尺，我說，「換我試試。」二姊說，「這怎麼行？你根本不會開車。」我說，「試試就會了。」二姊拗不過我，就讓我試。

我一上車，前三十公尺，方向盤不穩，車子老是左右轉，之後就順了。開了一段路程後，遇上紅綠燈，我因為不想煞車再啟動，就急著在綠燈時右轉，結果轉彎的角度不夠，撞上了對面的來車。那次的試車，雖然以災難收場，但是我從此就學會開車。

年輕的時候，在《中國時報》工作，我的總經理要我負責籌辦一個大型的服裝秀活動。我完全沒經驗，但是既然總經理把任務交給我，我也相信自己能完成，就接受了。最後，我在完全無知中摸索完成整個活動，成果也十分良好。

這兩件事，都來自於我對自己有足夠的信心。就算碰到的事情我從來沒做過，也不明確知道自己會做，我卻相信自己做得到、相信自己能夠完成上級交付的任務、相信我有快速的學習能力，就可以快速從做中學，也能夠快速學會。

對自己充滿信心，是個極重要的人生特質。有信心，可以讓我們勇於嘗試，敢去做困難的事、複雜的事，也敢去做過去沒做過的事，更敢去做我們現在還不會做的事。

在所有人當中，天生充滿信心的人，大概只占二〇％；其他八〇％大都只對自己會做或已經做過的事有信心；還有一些人，明明已經會做，卻還是對自己缺乏信心。

如果你是這二〇％對自己天生充滿信心的人，那恭喜你，你已經取得成功的基本門票。至於另外的八〇％，你必須調整自己的心態，設法把自己培養成有信心的人。

改變的第一步，是相信自己可以、能做得到，遇到任何懷疑自己的能力時，要強迫自己改變，改成「我可以」「我做得到」，再去尋找做得到的方法。

建立了「我可以」的態度之後，接著就要學會學習。相信自己可以，一定是要挑戰自己不會或沒做過的事；而面對不會的事，就要學會快速學習的方式。就像我學開車，勇敢去嘗試，雖然遭遇到災難，可是災難過後，我就學會了。快速學習的祕訣無他：快快試，快快學，快快錯，快快改，最後快快會。

對自己有信心，可以培養我們大膽探索未知的習慣，也才能快速累積經驗、增加能力。

後記：

❶ 每一個人都需要培養自信，相信自己的能力，可以嘗試學會任何事，也勇於去承擔責任。

❷ 自信不足的人，可以藉由逐步學習，每多學一件事，就會增強對自己的信心，勇敢去嘗試新鮮事物，是累積信心最好的方法。

❸ 要相信「學就會」、相信自己做得到，是建立信心的第一步。

2-2 別在乎世俗的觀點

人都是活在群眾中，都會受到別人影響，當大眾都做一樣的事時，人會害怕與眾不同，這是從眾行為。

當人要做特立獨行的事時，就要有足夠的信心，認為自己是對的。有自信，才敢與眾不同。

念小學的時候，被老師選為樂隊的一員，經過一段練習之後，要參加表演比賽，老師要求每一個人都要穿白襯衫作為制服。我告訴媽媽要有一件白襯衫，媽媽面有難色，但也不置可否。

到了要表演那天，媽媽連夜幫我做了一件白襯衫，那是用我已去世父親的白襯衫改的，領子還有一個鈕扣，我高高興興的穿著襯衫出門了。

沒想到一進學校，我發覺自己的襯衫和別人的都不一樣，別人的都是新買的，只有我是成人式樣的襯衫，這讓我感覺非常尷尬，回家後向媽媽訴苦。

媽媽告訴我，只要是白襯衫就可以了，跟別人不一樣沒有什麼，沒有兩個人是一樣的，每個人都有自己的個性，只要做自己，不作奸犯科就好。

從小我都和大多數的小孩一樣，就怕和別人不同，可是從這次之後，我知道不一定要和別人一樣，和別人不同也沒什麼大不了的。

長大後，高中時我喜歡踢足球，我們班上有許多校隊，球都踢得很好，而我只是愛踢，但技術不怎麼樣。

有一次休息時，我聽到同學在笑話我球踢得不好，我聽了很是難過，但也無可奈何，後來我慢慢想開了，和校隊相比，我是踢得不好，但只要我高興，踢得不好又如何呢？我不再在意同學的玩笑話。

經過了許多類似的情境，我逐漸不在意別人的說法，我也不會苟同世俗的觀點，我知道人活在世上，最主要的是要活出自我，要做自己。而要做自己，就要對自己有信心，相信自己有存在的價值，相信自己有獨立判斷的能力，可以有自己的主見。

這是很長的一段建立自信的過程，每個人剛開始都是「從眾」，社會上大家怎麼想、怎麼說，自己也就怎麼想、怎麼說，不太敢有自己的想法，甚至當自己有不一樣的想法時，都可能懷疑自己是錯的，根本不敢把自己的想法說出來，只能放在心中自己揣摩。

可是每個人的自我心智會成長，如果發現自己的想法也言之成理，自信就會慢慢建立，開始敢挑戰世俗的觀點，也開始敢與眾不同。

敢與眾不同是一個人建立自信的開始，當一個人具備獨立思考的能力，具備嚴謹的邏輯推理訓練，就可以建立觀點，對所有的事提出自己的看法。

有自信的人不見得任何事都會與眾不同，可是就算認同世俗的觀點，也不是一相情願地接受，而是能說出一番認同的道理，有自己的邏輯論述，有自己的原因及結論。

當一個人有自信，不會為了別人對自己的評價傷心，而會去分析其背後的原因，如有道理，當改則改，否則一笑置之。

擁有自信，擁有看法，擁有思考，才有一個人存在的價值。

後記：

❶人都活在別人的評價中，聞肯定認同則喜，聞貶抑則憂，甚至則怒。每個人都在意別人的評價，而自信是擺脫別人評價的開始。

❷自己沒有看法，就只能從眾，相信大家是對的；自己有看法，就應該相信自己，不在乎是否從眾。

❸自信是特立獨行的開始。

2-3 敢說敢做敢承諾

對自己充滿信心的人，做起事來，總是明快果決，遇到再困難的事，他也能夠承諾完成。這種人並非都有絕對的把握，但他總相信自己能突破困難，找到解決事情的方案，因此他總是「敢說敢做敢承諾」。

一九九五年，我遇到一個對自己超級有自信的人，對任何事他都敢說敢做敢承諾，他成了我一生努力學習的對象。

那一年，我被一個學長引薦參與了中華民國企業經理協進會，成為義工，也遇到了許多傑出的企業經理人，一起為協會工作。當時協會正面臨轉型，在財務上有極大的危機，我們面對的第一個工作就是要透過辦活動，來重現協會的功能，並同時要完成募款，以支持協會的運作。

當時我們幾位參與者坐下來集思廣益，想出了一些對策，這位超有自信的經理人就提了許多極具創意的想法，我乍聽這些創意，頗受震撼，因為執行的難度都極大，我十分質疑這些想法是否可行。

可是這位仁兄，不但大力主張可行，而且他承諾願意當實際的專案負責人，也因為這樣，這些看來不可思議的想法，也就變成協會的年度工作專案。

我也參與了這些專案的執行，過程中，這位超有自信的經理人果真帶領大家一步步地突破難關，最後也圓滿達成。他也從此成為我一生的師友，更是我學習仰慕的對象。

他不但在協會中貢獻心力，也在職涯中不斷高升，成為非常知名、成功的專業經理人。

我觀察他的人格特質，對自己充滿自信，對任何困難毫不畏懼，勇於承擔，我曾問他：遇到你沒做過的事，為什麼你總是敢承諾去做呢？他回答：任何事總會有答案，只要我們全力去做，總會找到方法，有什麼不敢呢？

對任何事，敢想敢說敢做敢承諾，大膽去試，就是他一生相信的原則。

我也嘗試和他一樣，敢說敢做敢承諾。努力培養自己的自信。剛開始，我放不開手腳，對自己沒有自信，總是畏畏縮縮。後來我嘗試選擇一些難度不太大的工作，放手去做，獲得了成功，自信心逐漸增加，我的底氣就越來越足了。

隨著自信心增加，工作能力也逐漸增加，我開始更加放膽挑戰難度更高的工作。

我為自己設定一個目標，每半年一定要挑戰一件高難度的事，逼自己必須盡一切努力去完成。

而當我挑戰這些高難度的事時，我一定要承諾在前，事先預告我會完成，讓自己退無可退，這樣當我完成時，才證明我真有能力，我能說到做到。我逐漸也變成一個「敢說敢做敢承諾」的人。

日子久了，我發覺「敢說敢做敢承諾」的人在職場中是稀有動物。大多數人要不是對自己沒信心，要不就是信奉不要強出頭的原則，當公司有需求時，需要有人出任艱巨、承擔責任，多數人總是沉默不語。非要等到上級主管強行指派，最後才勉強承擔，這是職場的常態。

重點在於敢說敢做敢承諾的人，才能快速成長，讓自己成為職場的傑出人士。

後記：

❶ 自信心不足的人，對任何事，經常會說「我會盡全力去完成」、「我會努力」，對任務的完成，總缺乏明確的答案。

❷自信足夠的人，也會經常主動請纓，出任艱巨，他們敢於面對挑戰。

❸自信當然來自能力，所以努力提升自己的能力，是自信之源。

第三項修煉

自律嚴謹

人要成就自我，達成財富自由，人生快意，必須要歷經長期的努力與追逐，過程艱辛痛苦，我們要是自律嚴謹的人，才能持續堅持，這是人生必學的第三項修煉。

自律就是強迫自己去做該做但做起來辛苦為難的事；自律也是強迫自己不去做自己喜歡但不應常做的事。前者是因為人有惰性，好逸惡勞，所以必須用自律勉強；後者是因為人有欲望，貪圖享樂，所以必須用自律節制。

要培養自律，必先用意志力，強迫自己，但意志力有時而窮，不能常用。因此，用常做以養成習慣，然後用習慣以維持自律，一旦習慣了，就變成必須去做的例行公事，這時候就不再需要意志力，這是另一個培養自律的方法。

在處境艱難時，最可能放棄自律，艱難困頓時的堅持，也是自律的重要修煉。

3-1 自律嚴謹的人

人都有許多該做的事，可是這些事不見得是自己喜歡的；人也都有許多喜歡做的事，可是這些事卻不見得是該做的，甚至可能是做多了會有害。人如何勉強自己去做該做的事，又如何逼迫自己不去做喜歡的事，這都要靠自己的自律。

一個同事，已經是四十多歲的女性，平常在一起吃飯，我常驚訝於她的胃口奇佳，總能把桌上的菜一掃而空，可是儘管吃了這麼多，但她的身材苗條，仍然保持青春活力。

我問她如何能保持如此好的身材，原來她每天睡覺前一定做健身運動，務必把今天增加的重量消化掉，而且從不間斷，不管再累，都會做完健身運動再睡覺。

她是個財務人員，擁有台灣、美國及大陸的會計師資格，我很好奇，她為何能擁有這麼多執照。她回答：下決心去考，就會有。

後來她又覺得法律很重要，又去念法律，最後也考上了律師資格。我聽到她想考律師，覺得她只是說說而已，沒想到真的去做。在每天繁忙的工作之後，晚上還去上課自修，經過了三年，終於如願以償。我深覺不可思議，可是她真的做到了。

她是我親眼所見最自律嚴謹、說到做到的人，再困難的事，只要下定決心，她都會按照規畫，每天執行，一步步去完成。

自律嚴謹是一個人一生中最重要的特質之一，如果想要有所成就、做出一番事業，一定要擁有自律嚴謹的習慣，每一個成功者都不會隨性過日子，都會擁有人生規畫，然後再把人生規畫轉成長中短期的計畫，每年、每月、每日照表操課，照計畫去實踐，朝目標邁進。

我從來就不是一個自律嚴謹的人，我訂下的任何目標，如果是要我自我約束，自行管理去完成，就從來沒有成功過。學英文，要求自己每天背幾個單字，讀一篇短文，做了幾天就放棄，每天跑步三十分鐘，跑了幾天就停了……這種例子不勝枚舉。可是只要有外在的約束或誘因，那我一定會遵守去完成。有一次我要去日本打球交流，必須練好體力，我一個月每天跑步六公里。公司如果有任何要求，我必須努力完成某件事，我也會全力以赴做到，不管這事有多困難，我從不讓公司失望。

我不能自律，只能他律，這是無法自律的人，退而求其次務必遵守的規則。

大多數人都是先從他律開始，先透過外部的規範，逼自己去做不想做的事，然後慢慢培養自律的能力，最後變成一個自律嚴謹的人。

要成為自律的人，第一步就是要認知哪些是該做的事，對該做的事要列為第一順位，不論這件事有多麼困難，或這件事自己有多麼討厭去做，都要勉強自己去完成。

不只要勉強自己去做，而且還要設定完成的時間。因為對自己不喜歡或不想做的事，雖然會勉強自己去做，但最常見的問題就是拖延，不斷地「等一下」或者「明天再做」，或者「以後再說」，最後就是遙遙無期。

沒有成功者不是自律嚴謹的人，想成功先學會自律吧！

後記：

❶自律就是要有自制力，要有自制力通常要靠自己的意志力，設定目標，下定決心，去完成該做的事。

❷自律如果不足，就需要靠外界的他律，遵守外界的社會規範，遵守組織設定的要求，他律通常有懲罰機制，迫使我們遵守。

3-2 學會自律，遠離惰性與欲望

人的本性好逸惡勞，因此惰性不可免，永遠避免辛苦，做輕鬆的事。人也永遠面對誘惑，產生欲望，吃美食，看美色，聽好音，遊玩逸樂，這兩者都需要用自律去規範，使人回歸正途。

人生有兩大天敵：惰性與欲望。

我的小孫女學彈鋼琴，彈一彈就哭了，問她為什麼哭，她說她老是彈錯，不能好好地彈完一首曲子，我告訴她：只要多練習，每天練習一個小時，一定可以彈好鋼琴，她試了幾天，就停下來，她說每天彈太辛苦了，她做不到。

我接小孫子下課，上了車他就告訴我，他要找阿嬤，我說阿嬤在家，回家就可以看見了。他大哭說「我現在就要阿嬤」，一刻也不能等。

他吃完飯，說要吃冰棒，我說家裡沒有了，他又大哭，說他現在就要，小孫子不能控制想要的欲望，得不到只能找方式發洩。

人生從小就受到惰性與欲望的驅使，惰性使我們遠離辛苦的事，只想輕鬆地過日子。欲望使我們想要更多，想吃美味、想遊學、想要新鮮的事物，一旦得不到，就十分痛苦。

進了學校，學習是我們唯一的天職，而惰性又是學習最大的敵人，讀書、背誦、上課、做作業、寫練習，都需要勉強，也需要對抗惰性。

一旦成人，我們又變成欲望的奴隸。想美麗、想健康、想富有、想成名、想享受奢華生活。

有了欲望，我們就會想盡方法得到，而一旦正常合理合法的方法不可得，我們很可能就會誤入歧途。

惰性使我們習於安逸，拒絕去做該做的事；欲望啟發我們內心的飢渴，驅使我們無所不用其極地去得到想望的東西。

縱容惰性，任欲望左右，都會使我們步入人生歧途，成為人生的失敗者，或社會邊緣人。

因此遠離惰性與欲望是人生最需要學會的課題，要學會管理我們的惰性，控制我們的欲望，才能從放浪不羈的人生中走回正軌。

要遠離惰性與欲望，最有效的方法就是學會自律。自律就是要求自己去做該做的事，拒絕天生的惰性與內心的想望。

我們無時無刻不在該做與想做之間擺盪，我們所扮演的角色，永遠會賦予我們該做的事：學生就是要學習，上班就是要工作。可是我們會想遊樂、會想放鬆，如果我們能自律，我們就會選擇做該做的事。

我們隨時在可做與不可做之間游移。社會有各種規則，規範可做與不可做的事。可是為了達成欲望，我們就會努力去做所有的事，很可能觸碰到不可做的範圍。我們能為了達成欲望，就為所欲為嗎？這時候也要靠自律，我們只能做可做的事，不可以逾越。

人一生都在學習自律，要求自己做該做的事、做可做的事，這樣才能遠離惰性與欲望。

後記：

❶惰性與欲望是人生最大的陷阱，一旦墮落，就無法自拔。

❷用自律轉化惰性，讓我們能努力奮發向上，克服過程中的痛苦，修煉成堅忍不拔的心性。

❸用自律控制欲望，不致過度享樂、過度貪圖口腹之欲，才能回歸正常的生活。

3-3 用習慣養成自律

要培養自制力、自律的能力，最初必須靠意志力，可是意志力會消退、會銷磨殆盡，因此長期自律的養成，還要仰賴其他的要素。

把自律的工作及生活方式變成習慣，用每天重複一樣的生活及工作方式，形成習慣，就可以不再依賴意志力，而變成自律成習，這是培養自制力最好的方法。

年輕的時候打橄欖球，可是在二十四歲退伍前代表軍團比賽後，就沒再打球。一直到五十七歲，遇到一群熱愛橄欖球的球友，和他們一起前往日本與球友交流，又重拾起我對橄欖球的回憶。

這群球友組了一個超過五十歲的橄欖球俱樂部，名為「無惑」，意即不惑之年者的聚會，每週日下午球敘，全年五十二週，風雨無阻，他們熱誠地邀我參加。

從日本回來後，我帶著重新燃起的興致參加了一、兩次，覺得這是很好的活動，心中暗下決定，要成為無惑的一員。

可是參加了一、兩次，新鮮感消失後，每個星期天吃過中飯，我就開始天人交戰：今天還要去嗎？去打一下午球，就要全身痠痛一週，年紀這麼大了，還要這麼辛苦嗎？

這真是痛苦的抉擇，每次我都用意志力告訴自己：你是喜歡打橄欖球的，你不是很享受在場上奔馳嗎？既然參加了，就不應該偷懶，無論如何，一定要去！

每一週我都歷經掙扎，最後都是意志力獲勝，不知道我的意志力能撐到什麼時候？反正到了不起作用時再說吧！

可是說也奇怪，這樣與惰性奮戰了半年，之後我忽然察覺，每週日中午吃過飯，我很自然地打包球具、開車到球場，我不再需要掙扎，去打球已經變成習慣。

接著，更不可思議的事情發生了，我交代祕書，出差一定要安排在工作日，週日我要打橄欖球，甚至只要有一週不打球，我都會覺得渾身不自在。

我已經克服了惰性、養成了打球的習慣，我再也不需要用意志力來管理自己的行為了。

這是一個用習慣取代意志力，來養成自律的經典故事。剛開始，我依賴意志力逼迫自己去球場，日子久了，就成為習慣，我的自律也就形成了。

每個人都需要自律，逼迫自己去做一些不喜歡但又必須要做的事。人人好逸惡勞，但又必須認真工作；人人喜歡美食，但又必須控制胃口，以免對健康不利；人人都需要運動，卻又貪圖輕鬆，常一曝十寒；人人都需不斷學習，但又覺得辛苦。大多數人面對這些考驗，都依賴意志力來維持。

可是依照心理學家的分析，意志力對人而言是有限資源，是越用越少，像電池一般，一旦用盡，一切就前功盡棄。因此要養成自律，最好的方法是形成習慣，把不喜歡做的事變成習慣。每多做一次，就離習慣越近，而意志力的作用就少些，最後自律就形成了。

先用意志力啟動，接著用習慣接手，這是形成自律的最佳方法。

後記：

❶根據心理學的研究，意志力是有限的，長期使用，意志力會減退，在一段時間密集使用後，意志力也可能崩潰，一旦意志力崩潰，陷入失控狀況，一切努力都白費。

❷因此意志力必須慎用，適度使用，且不可完全依賴。

❸先用意志力控制行為，然後一再重複，讓行為變成習慣，最後再用習慣控制行為，這是習慣成自律。

3-4 最是處境困難時

每個人都有深信不疑的原則，這些原則轉化為行為模式，可是這些原則與行為模式，常常會遭遇外界環境的挑戰，當環境惡劣、處境艱難時，原則與行為就很難堅持，甚至就會被放棄。

自律的堅持，不是在平靜之時，而是在處境艱難之時，能度過艱難，而能堅持自律，才是真本事。

剛創辦《商業周刊》的前幾年，虧損累累，每天都為明天的錢發愁，而最能立即改善財務狀況的就是廣告，一張幾萬元的廣告，就值得我們大肆慶祝。那時有一個業務員簽了一張三十萬元的廣告合約，真是久旱逢甘霖，可是這個客戶非常挑剔，除了上廣告之外，還要編輯部配合報導，我仔細了解了客戶的狀況，也想盡各種辦法試圖配合，可是怎麼也找不出報導的角度，這讓我左右為難。

我煎熬了三天，終於下了決心，告訴業務員，我們實在找不出報導的角度，無法配合，當然這筆生意就吹了！

還有一個長期配合的廣告客戶，因為編輯部寫了一篇報導，提到他們的公司，這個公司覺得我們的內容對他們很不利，要求我們公司更正補救。可是我仔細了解，我們的內容並沒有錯，我無法強迫編輯部做他們不該做的事，結果一樣，這家公司從此把我們列為拒絕往來戶。

從我當新聞記者開始，就十分倔強，我認為對的事，一定會想盡辦法把它寫出來，而不對的事，絕對不寫。我是主管眼中十分難溝通的人。我完全不考慮報社的立場，也不需思考經營者的為難，我認為經營層面的壓力，不應影響到記者。

可是當我自己創辦雜誌，面對經營的壓力，只好獨力承受，我不能因經營上的壓力，而扭曲了記者報導上應有的原則。可是這是極痛苦的抉擇，明明公司很可能下個月就撐不下去，可是我卻為了堅持原則，和錢過不去；明明只要稍微妥協一下，客戶就能保住，可是我卻死性不改。有時候連同事都不認同我的做法，認為我太僵化了。

最後上天垂憐，我們終於幸運得活了過來，可是這段處境艱難的煎熬，永遠牢記在我心中。

而從記者到經營者的過程中，我充分領悟到堅持原則有多困難，其實在面臨經營壓力時，我曾經有多次想放棄經營原則的想法，甚至找記者溝通，嘗試讓他們諒解公司的困難，尋找配合客戶的可能，可是他們完全不能理解我的為難，讓我只好把妥協的話吞了回去。我也曾下達妥協的指令，可是被第一線工作者以辭職抗議，讓我不得不收回成命。

我終於理解，每個人都有自己的原則，每個人都會堅持原則行事，在順境及承平時期，堅持原則是容易的，可是真正的考驗是在處境艱難時，我們只要稍微妥協，就可以度過眼前的困難，這時我們還能堅持自己的原則嗎？

大多數人在處境艱難時選擇放棄與妥協，讓世俗的魔鬼綁架自己的靈魂，成為行屍走肉的芸芸眾生。

我們要想堅持原則，重點不在立志，重點也不在承平之時，重點在處境艱難時，在造次顛沛之時，我們仍然不為所動，能度過考驗，才能成為真正自律嚴謹的人，也才能一生仰俯無愧，一本初心。

後記：

❶在遭遇困難時，大多數人都會考慮放棄堅持，微調自己的行為，以度過困難，這種模式，有一個說法叫「從權」，也就是便宜行事，而從權如果有短期利益，有助於度過困難，那就更難以拒絕，這是大多數人度不過困難的原因。

❷處境艱難時更應自律，不可從權，不可放棄堅持。

第四項修煉

挑戰自我

人要成就自我，就要做一番轟轟烈烈的大事，而要做大事，就必須有決心、有能力，決心和能力來自於人能不斷地挑戰自我的極限，以成就非凡的氣派與能力，所以挑戰自我是第四項必學的修煉。

挑戰自我源自於自信，相信自己的能力，才敢挑戰自己能力的極限，挑戰自我的訓練，就必須要求自己每天都要進步，每次都要設立能力所及的更高目標，每次都加三〇%自我挑戰，強迫自己去面對可能做不到的事，而透過每次的完成，能力就自動增加，如果完成不了，那就再試一次，直到完成為止。

挑戰自我還要克服一件事，那就是停留在舒適圈的惰性，我們都習慣過溫潤安逸的日子，要挑戰自我，需先走出舒適圈。

挑戰自我也代表勇於創新、對現狀的不滿足，並努力嘗試改變，改變需要勇氣，而勇氣也是挑戰自我的動力，勇於挑戰自我的人，也可能是創新的人。

4-1 浴火鳳凰，烈焰焚身：不斷挑戰自我的人

我的一生都在不斷的挑戰中度過，如果我有什麼成就，也是在面對挑戰中學會，挑戰成就了我所有的一切。

我不喜歡過安穩的日子，只要工作生活穩定，我就會為自己尋找新的刺激、新的挑戰，而克服困難、跨越挑戰是我最大的成就。

我二十八歲時，服務的報社辦了一個時裝展的大型活動，從寫企畫案開始，到尋找贊助廠商募款，到安排全場的表演活動，到租場地，布置場地，到安排觀眾入場，整個活動需要一個總執行人，總經理把這件事交給我，當時我心中毫無把握，可是既然被點名，我就義無反顧接下來。

之後的三個月，我沒日沒夜地工作，先是想盡各種方法向企業界募款，理性說服再加上威脅利誘，終於完成，其後的節目安排更是複雜，不斷排演。到了正式舉行當天，現場管制、出入動線、安全管理，都需要細緻的規畫，一直到節目終了，人員散

去，我一個人在後台坐了半個多小時，激動的情緒，久久不能平復。

我三十歲時，揭發了台灣地下投資公司詐騙的惡行，連續近一個月的報導，每天與投資人、黑道、警察周旋，精神壓力大到極限，最後迫使政府全面取締地下投資公司。

我三十四歲離開報社，獨立創業，立即陷入深淵，經過七年的磨難，最後才轉虧為盈，這是一段非人的生活，每天在倒閉邊緣掙扎！

這三件事，每一件都是極大的挑戰，可是當我走過挑戰，我便像浴火鳳凰一般，歷經烈焰焚身，成就了更堅硬的翅膀，可以飛得更高更遠。

第一件事讓我學會面對完全陌生的工作，我能一點一滴抽絲剝繭，用自己的力量執行完成，我能獨力面對一個大型的任務。第二件事情，讓我勇於面對壓力、強權，毫不退縮，扮演記者應盡的角色。

第三件事情讓我能承擔起全公司營運的責任，從建立制度，組建團隊，完成產品，販賣行銷，最後還要承擔成敗。

回憶我的一生，所有我的能力，都是在面對挑戰中學習成長。小的挑戰，學會新的能力，也提升了既有的能力；大的挑戰，不只提升了能力，也磨練了心智，讓我徹悟人生。反而平靜無波的日子，我似乎停在原地，毫無成長。

每一次挑戰，都是一堵不易跨越的高牆，牆越高，困頓磨難就越大，跨越的難度就越高，可是一旦跨越，我們就能看得更高更遠，擁有更大的能力，更大的格局，能做更大的事。

人生的學習，就是不斷跳階的過程，平常的日子，我們只在重複既有的能力，而一遭遇挑戰，我們就必須往上跳一階，學會新的能力。

遭遇挑戰的時候，我們一定不能害怕，不能猶豫，不可退縮，反而應該主動迎上前去，快樂積極地面對，因為這是快速成長的機會。

人生不只不能害怕挑戰，更應該主動尋求挑戰，一旦平凡的日子過久了，就要主動尋找各種挑戰的可能，找一些過去從來沒做過的事，主動提高工作目標，或者嘗試新的工作方法，這些都可以讓自己面對挑戰，增加新的能力。

後記：

❶許多人一生都在尋求安穩度日，盡可能不要面對挑戰，這種人不可能有亮眼的成就。

❷不習慣面對挑戰的人，一旦遇到挑戰，很可能就害怕驚慌，不知所措，克服挑戰也需要訓練。

❸每個人都應在生活中設定各種關卡，讓自己習慣面對挑戰。

4-2 加三〇%自我挑戰

有多少力量，做多少事，這是常聽到的人生哲理；可是如果有多少力量，就只做多少事，那是理所當然的，就算做到了，我們會有什麼成就感呢？精準衡量自己的能力，然後加三〇%，作為目標，挑戰自我，這是迫使自己成長的最佳方法。

每年年終擬定隔年度預算時，我和各團隊總有一段議價拉鋸的過程，各團隊總是用今年實際業績做基礎，來議定明年的預算，他們總是希望比照今年，不要提高，而我總希望他們能挑戰更高目標。

對處在成長趨勢正常的團隊，我第一個目標是加一五%的自然成長率（organic growth），而我真正的目標是增加三〇%的挑戰目標。

對於處在成長趨勢中的團隊，每年必有自然成長，一五%就是合理的自然成長率，而為什麼是三〇%？這是一個有難度的挑戰目標。

要設定三〇%的挑戰目標，有些前提：其一，團隊是健康的，一五%的自然成長應可完成，多加一五%也可能完成，只要上下一心，每個人多走一步，就有機會達成。其二，其團隊領導人的能力是我看好的、能承受壓力的，給他這樣的目標，是他可勉力接受的。

這種加三〇%的挑戰目標，根據我多年來的經驗，大多數團隊都可以完成，而完成目標的團隊都歡欣鼓舞，且變身為能力更強的團隊。

這個加三〇%的自我挑戰，也是我自我要求的準則，我做任何事總要按照自己的能力、預期，設定一個盡可能更高的目標，把自己逼到一個必須全力以赴，必須想盡各種辦法才能達成的絕境。

我不斷告訴自己：我不是自認為能力超強的頂尖人士嗎？如果我是，那加三〇%自我挑戰，我應該還是能完成。

我不斷想測試自己能力的底線，更想激發潛力上限；我也知道透過挑戰自己能力的上限，是能快速成長的方法。

因此當公司給我一個目標，我通常會告訴自己，我要加三成完成，這是我自己設定的目標，完成組織的目標只是最基本的水準，要完成我自己設定的目標，才能對自己交代！

我不只在心中自我設定高目標，如果組織有需求，必須調升目標，我通常也會爽快答應，我不喜歡畏畏縮縮的被動接受要求，我會一力承擔。

這種加三○％的自我挑戰，也會有不同變形。有時候不見得是目標加三○％，而是過程與方式的改變。

最具體的改變就是時間、人力與財力的投入。時間上就是提前完成，我會設法用更短的時間完成預定工作；也會設法用更少的人力、財力，完成原來預定的工作。

工作目標雖然沒變，但省下的時間、人力、財力，這也代表績效的提升，也是另一種考驗。

我就是用這種加三○％自我挑戰的方法，來改變我的學習節奏，雖然三○％未必每次都能完成，但是不論是多二○％、或一○％、或五％，我自己都會有成就感，這也當然伴隨著能力的快速提升。

後記：

❶如果一個組織是健康的，那每年就會自動成長五％到一〇％左右，這樣的成長完全不具挑戰性。

❷當組織給我設定了目標，而我自己通常會在組織的目標上，再往上提升三〇％，作為自己的挑戰，因為訂了更高的目標，通常要達成組織的目標，就相對容易得多。

❸加三〇％設定目標，迫使每個人都要使出洪荒之力才能完成。

4-3 主動告別舒適圈

每個人都喜歡輕鬆舒服過日子，可是輕鬆的日子不能過太久，久了之後，人會喪失鬥志，不會再有長進。

我三十四歲那年，毅然決然地告別領薪水的日子，投入創業，這是我一生改變的開始。

三十四歲那年，有一天一早醒來，昨夜的宿醉讓我的頭還在隱隱作痛，我忽然問自己一個問題，我還要繼續過這樣的日子嗎？

會這樣問是有原因的，那時我已當了《中國時報》經濟新聞組的主管好幾年了，每天在外界受到採訪對象的吹捧，不是吃飯，就是應酬，每天中餐連晚餐，而晚上就回到報社看看稿，發發新聞，接著就又是半夜吃消夜、喝酒、打牌，經常一宿未歸，就這樣日復一日，過著十分糜爛的生活。

我還要這樣過日子嗎？我直覺的回答是要，因為日子太好過了，外界採訪對象都是企業界名人，讓我不自覺也以為是名流，薪資待遇也尚可，更重要的是日子過得舒服寫意極了，這種日子為什麼不過呢？

可是我再一想，這種日子我已過了好幾年，舒服的日子過久了，反而覺得有些無趣，而每天重複一樣的工作，我已許久沒有新的學習，我的能力不再長進，如果我繼續下去，我這一生也就這樣了——一個自我感覺良好的記者。

想到這裡，我過不久就辭職了，我需要新的舞台、新的挑戰，需要尋找更豐富的人生。

我義無反顧地離開了舒適圈，開啟了下半生的創業生涯，也從此改變了自己的一生！

舒適圈是人生中最可怕的陷阱，處在舒適圈中，人人都會深陷而不自知，只會漫無目的優閒地過日子，就像被豢養的寵物，逐漸喪失學習的能力，也喪失適應環境的能力。

而人不可能永遠在舒適圈中過日子，人生一定有起伏，當舒適圈改變了，當自己的能力萎縮了，我們很可能就喪失生存的能力。

年輕人尤其不可沉溺在舒適圈中，年輕人有無限的未來，最重要的是歷練和學習，才能增強、改變能力，而在舒適圈中每天過著一樣舒服的日子，能力不但不會增加，還會生疏。

只要察覺活在舒適圈中，就必須主動告別，遠離舒適圈！

而什麼樣的生活才是舒適圈呢？通常舒適圈會有以下三項特質：

一、每天過著類似的生活，重複著一樣的工作，一樣的節奏，不太有變化，我們只要用現有的能力，就可以應付裕如。

二、在工作及生活中，不再有學習的機會，因為都是一成不變的事，沒有新鮮的事，也不太有意外的事，每天遇到的都是相同的人，不會認識新的人，因為沒有變動，也就不會有挑戰，更不會有學習的可能，因而能力不再增加。

三、人不自覺地產生安逸的舒適感，不想改變，害怕改變，想著人生最好就停格在這一刻，就這樣過一輩子。

有這三種現象就是不折不扣的舒適圈，必須要下定決心，立即遠離。要決定遠離時，最忌三心二意，拖延留戀，通常只要心生猶豫，極可能就永遠無法擺脫。

年輕人如初升之日，來日方長，然而只要深陷舒適圈，一生就沒有想像了。

後記：

❶人不可能永遠過著舒適安逸的日子，環境會變，挑戰隨之而來，想長期活在舒適圈中是不可能的。

❷既然長保舒適圈並不可能，那還不如主動去改變環境，為自己設定新的目標，化被動為主動，尋找新方向。

4-4 做對事、找對人、撐得久

人生的挑戰，凶險莫過於創業，創業只有成與敗，成則升天堂，敗則下地獄。面對創業的挑戰，該如何自處呢？其實創業也可以很簡單，那就是做對的事，創對的業，然後找對的人一起創業，最後再堅持到底，撐得夠久，就會成功。

九年前，我們公司投資了一家網路公司，這家公司平均每年要賠三至四千萬元，連續賠了八年，直到去年才不再賠了，我終於鬆了一口氣，總算對公司有交代了！

一個記者問我：在長期虧損中，你都沒想到要停損嗎？是什麼原因讓你能撐這麼久呢？

這是一個好問題：首先我要老實說，每年我都在想停損的事，每年看到財報上鉅額赤字，我都在思考，是不是該結束了？是不是該放棄了？

可是每一年，當檢討完，我最後都決定繼續撐下去，其實原因很簡單，這家公司所做的事，是一件「對的事」；而這家公司的經營團隊，都是「對的人」，既然是對的事，且也找到對的人來做，我們就應該有耐性，繼續支持，只要撐得夠久，就一定能看到好結果。

為什麼是「對的事」？這家公司做的是線上內容平台，讓所有想寫作的人，可以在線上開帳號、從事寫作。我分析：社會上一定有許多人有寫作的需求，因此提供寫作服務的線上平台，一定會被大眾認同。

再加上我們本身經營的就是內容服務，不論出書或出雜誌，都在提供專業的內容與知識，如果我們能再建立一個給大眾的內容創作平台，集結社會大眾生產的內容，屆時把專業生產的內容（PGC）和大眾生產的內容（UGC）整合在一起，這不就太完美了嗎？

因此這是一件我們該做的事，也是一件對的事。

其次我們找對了人嗎？錯的人會把對的事做錯，因此對的人非常重要，每年我都要我的團隊證明他們是對的人。

證明的方法也很簡單，每年我們都會檢查團隊的工作成果，看看創作人數是否增加？每日新增的文章數是否增加？每天上網的瀏覽人數是否增加？使用者對我們的服務是否更支持？當然，最基本的財務數字也要檢討：看看每年的營收是否成長？

如果這些項目，都出現正向的成長趨勢，那我就可以假設我們是「找對人」了，我們的團隊是可以信賴的。

每年我做完「做對事」與「找對人」的檢查後，我的煎熬才剛剛開始，我必須下決心再支持這個計畫，然後設法去籌措足夠的資金，當然我也要去完成一個具有說服力的說帖，去說服我們的董事會，讓他們繼續支持我的決定！

在這些年中，我不斷地告訴自己：在「做對事」、「找對人」之後，我們就必須「撐得久」，只要撐得夠久，就算萬古如長夜，黎明終究也有到來的一天。

我非常感謝我的團隊，他們用努力與投入，把事情做對。我也非常感謝我的老闆、董事會，他們用信賴，讓我們能證實我們有能力把事情做對。

當我們面臨經營的挑戰時，「做對事，找對人，撐得久」，是我們逆轉勝的三段思考。

後記：

❶人生的挑戰可大可小，生活中的小挑戰，只是在磨練我們的能力與心性，然後準備在關鍵性的大挑戰，全力一搏。

❷一般而言，人的一生大約會有三次大挑戰，大約出現在二十歲至五十歲之間，多數與工作生涯有關，而如果我們選擇創業，這通常是最大的挑戰，因為創業要「以身相殉」，以一生去拚搏。

第五項修煉

知錯能改

人生就是無數對與錯的大集合，運氣好的時候，我們能一次就做對；而正常的時候，我們可能要先犯錯，然後知錯、改錯、做對；更嚴酷的時候，我們可能完全不知如何做，只能透過不斷犯錯，在無數「試誤」的過程之後，才能做對。所以知錯改錯的能力，變成我們做對事的關鍵，因此修煉知錯能改的能力極為重要。

知錯能改的能力，首先要知錯認錯，許多人不能改錯的原因在於不認錯。而不知錯、不認錯，或因面子，或因固執，自以為是。要知錯就要先承認錯誤的必然性，人人都會犯錯，犯錯無關面子。

知錯能改的第二步是「不二過」，錯誤只要一次就夠，就會知所警惕，不犯第二次同樣的錯誤。許多的錯誤，追根究柢具有同樣的錯誤原型，認知原型，可避免許多類似的錯誤。

另一種錯是自己的弱點，理解自己的弱點，避開弱點，彌補弱點，也是知錯能改的變型。

5-1 知錯能改的人

人只要知錯能改，只要別犯第二次同樣的錯誤，那人很快會成為接近完美的人。問題是大多數的人，錯了不知錯，就算知錯也不見得能改錯，而就算能改錯，日子一久，又忘了，又可能會犯同樣的錯誤，所以要知錯，且不二過，這是非常難的。

人總是要不斷提醒自己，要知錯改錯，不二過。

人生就是一個犯錯改錯、知錯改錯的過程。

我年輕的時候，每當犯錯，都會非常沮喪、懊惱，覺得自己為什麼會這麼笨，犯下這麼愚昧的錯誤，接著我會知道懊悔無濟於事，於是我會冷靜下來，仔細檢討為什麼會犯錯？如何能不再犯錯？為自己未來不再犯錯設下各種行為準則，以期未來不再犯錯。這是做錯改錯的階段。

我也曾遇到許多愛護我的長輩，對我提出許多告誡！要我做事要更小心，不可自以為是、孟浪從事，剛開始我只是隨意聽聽，沒放心上，因為我自覺不是個草率做事的人。但後來犯了些錯誤，自己事後檢討起來，如果我在規畫之初，就虛心一些，思慮再周延一些，這些錯都是可以避免的。從此我知道這些長輩的告誡是有道理的，他們早已看出我過於浪漫，不夠小心謹慎。

從此我對別人善意的告誡，不敢再輕忽以對，別人的告誡，必定事出有因，絕對不會無的放矢。

這是在意別人的提醒，及早知道自己的弱點，及早防範，以避免犯錯的階段。

四十歲後，我更加徹悟人生，知道每個人性格上有優點、缺點。我開始覺知自己的缺點，例如：我喜新厭舊，對例行事務不耐煩，因此當我開始感到不耐煩時，我就更要刻意靜下心來做事。再如：我是個不太關心別人感受的人，常不自覺地傷害別人，因此我要盡量多注意別人的反應，主動關心別人，言行舉止也要更謹慎，以免觸痛或得罪了人。

這是主動覺知自己的弱點，刻意改變的階段。

尤其當自己有了年紀，有了一些外表的成就和地位時，不再有人會犯顏直諫，只能自我覺察。

其實犯錯改錯，在《論語》中有許多著墨。孔子說：「不二過」，說的就是犯錯改錯，不犯同樣的錯誤。「過則勿憚改」，說的也是要主動改錯。再如「見善如不及，見不善如探湯」，則是要師法他人，學習別人的好處，不與別人犯一樣的錯誤。

每一個人都了解知錯能改，但多數人只停留在犯錯改錯的階段，過不了第二階段，當聽到別人告誡時，極可能不承認自己有缺點，而不願檢討，更多人從來不會主動覺知自己的弱點，主動改錯。

我常給年輕同事建議，提醒他們要修正自己的缺點，但大都唯唯諾諾後，繼續我行我素，我知道他們並不肯承認自己有弱點，或是雖然承認，可是卻缺乏決心改正。

要做到真正知錯能改，首先要知道人並不完美，每個人都有缺點，有缺點並不可恥，改者為大。然後真誠面對自己的弱點，並下決心，持之以恆改進。

要做到真正知錯能改，要從犯錯改錯，到被動知錯改錯，一直到主動覺察，知錯改錯，才是一個真正知錯能改的人。

後記：

❶犯錯了，受到傷害了，當然容易察覺，只要找到為何犯錯、如何犯錯，就可以針對錯誤進行改正。

❷除了錯誤之外，人還有一種隱形的錯誤，必須注意改正，那就是性格上的缺憾，例如有人過於激進，或過於消極，或過於謹慎，或過於樂觀或悲觀，如果人能知道自己性格上的弱點，而預為修正，這也是另一種糾錯改錯。

❸改錯的過程中，也可能用錯了方法，以至於錯誤仍在，這時就必須從嘗試錯誤中，找到對的做法。

5-2 不犯同樣的錯誤

「不二過」是知錯改錯最直截了當的方法，同樣的錯誤不犯第二次，可是這並不容易做到。

忘記是二過最重要的原因，剛犯完錯，傷痛猶存，當然會記得不再犯，可是日子一久，人是健忘的，可能就又再犯了。

還有許多錯誤，情境、過程都不相同，可是犯錯的原因卻是一致的，這種錯誤，我們又如何做到「不二過」呢？

我對新生事物有天生的喜好，對開展新事業樂此不疲，因此難免對新事業有過度樂觀的想像，因而輕舉妄動，以至於未能洞悉新事業的風險，常常在啟動新事業之後，才發現困難重重，而深陷新事業的泥淖。

在發覺自己有此毛病後，我替自己訂下了重做三次新事業可行性分析的規定，並且其中要有一次需假設其不可行，努力去證明其不可行。

經過再三的研究分析，確保已經徹底了解新事業的風險，並有相當的把握之後，才會啟動新事業。這是為了避免我天生樂觀，以至於輕舉妄動的缺點，避免犯同樣的錯誤。

還有一次，我把皮包遺失在計程車上，丟錢事小，所有證件的重辦、復原，讓我痛苦不堪。從此以後，我替自己設定了一個關卡，就是下計程車後，要關上車門前，一定要再一次探頭，審視車內是否遺留任何物品，以確保不會遺失。

剛開始不太習慣，可是當我在意這件事，強迫自己這樣做，日子久了，也就成習慣，就不太容易犯同樣的錯誤。

其實人生是不斷犯錯的過程，而且大多數的錯誤，有著類似的劇情、類似的原因、類似的情境，也可能產生類似的結果。如果能不再犯同樣的錯誤，人生會少走很多冤枉路，也會減少很多挫折，更容易接近成功。

我是在人生不斷犯同樣的錯誤之後，才痛定思痛，仔細思考如何避免，最後才想出替錯誤設下預防的步驟及關卡，以免再犯。

以輕易啟動新事業為例，我設的第一次預防關卡是重做一次可行性分析，但仍無法避免錯誤，最後變成重做三次，而且還要有一次是反證其不可行。這都是在實證的結果。如仍無法避免犯錯，就要再深入檢討，多設幾道關卡。甚至還要給自己訂下「死規則」，禁止自己去做某件事。

我就曾給自己下命令——一年之內不再啟動任何新事業，以抗拒這致命的吸引力。

至於日常生活的小錯誤，要設定新的生活習慣，其實也不太容易。像我要養成下計程車時，再探頭審視車內的習慣，剛開始常不自覺忘記，後來終於養成習慣，可是日子久了，又會怠慢起來，偶爾又會忘記。因此要隨時在意、隨時提醒，務必要使這些避免犯錯的關卡成為生活習慣的一部分，並且隨時警惕、提醒，這樣才有機會「不二過」。

後記：

❶針對錯誤，制定避免犯錯的SOP，是不二過可行的方法。例如遺忘失物，那就要求自己在離開任何地方時，都要徹底檢查每一個角落，確認無誤後，才能離開，加了這個步驟，就不易再遺失任何東西。

❷把錯誤歸納為幾個不同的犯錯原型，再針對每種原型，訂定防範的步驟，這也是「不二過」的方法。

5-3 真誠悔改，才有機會改變

悔改也可分為幾個層次，最沒誠意的悔改，是虛應故事；再其次是口服心不服，只改表面，不深究本質；再其次是真心誠意的悔改，對自己的錯誤，痛徹心扉，不放過每一個細節，都仔細一一檢視，務必把所有的錯誤都糾正出來，並一一改正。一定要真誠悔改，錯誤才有機會徹底改變。

兩個年輕人約我見面，他們是一家網路公司的創辦人，他們提出公司的改造計畫，決定裁撤公司營收最高的部門，因為此一部門占用了非常多的ＩＴ技術資源，以至於技術部門無法專注於網站整體功能的提升，影響了網站正常的發展。

他們很誠心地希望聽聽我的意見。

我想起過去我與他們的對話，他們雖然尊稱我為前輩，口口聲聲說很願意向我請益，不過，每次我約他們聊天時，他們都充滿了自信，侃侃而談他們正在做的事及未來想做的事，其中雖然我偶爾也會給些意見，但他們都只是聽聽而已，並沒有太多具體的回應。

可是這一次他們反過來約我，而且開口就主動請益，我充分感受到他們的誠意。

「想清楚了，就放手去做吧！」我的回答明快簡潔。

這兩個年輕人從創業開始，就一直受到照顧，不斷有創投青睞，資金不缺，因而養成了他們的自信，相信自己的直覺、相信自己做的事，可以說一直處在順境之中。

而這一次為什麼會起心動念要改變呢？他們告訴我，因為長期持續虧損，雖然他們努力增加營收，但是成本費用也跟著增加，此業務的毛利結構很差，再加上經常要配合客戶需求，扭曲了公司內部的營運，因此，他們才會痛定思痛，下決心裁撤這個營收占比最高的部門。

這是經過長期實驗、探索、掙扎才下的決定，只是他們自己也不確定是不是對的，因此才會來請教我。

只要真誠悔改，就一定是對的，才有機會徹底改變，我認同他們的結論，但我更認同他們願意真誠悔改的態度。

過去他們自視甚高，自信也足，因此一切都率性而行，其實他們是聽不下別人意見的，我雖常給他們意見，他們表面上也聽，但大多數只是聽聽而已，言語中我感受到他們的自信及委婉的拒絕。

可是這一次不一樣，他們真的覺得今是而昨非，針對過去經驗及營運上的問題，開出了一個對症下藥的方法，更重要的是，他們有了謙卑之心，願意找人請益，這種真誠悔改的態度是真正改變的開始。

他們不見得一次就會做對，但只要真誠悔改之心不死，終究會找對路。祝福這兩位年輕人，期待他們早日突破困境。

後記：

❶面對錯誤，在檢驗的過程中，我們可能會怪罪環境、怪罪市場、怪罪對手、怪罪團隊，可是卻不認為自己有錯，這時我們就不會真誠改過。

❷當我們聽到別人對我們的勸戒時，不見得都會認同，可能只是敷衍兩句，這絕對不會改錯，因而錯過了改錯的時機。

5-4 最是艱難知己短

人做錯事，一定要能改，這是學習的過程。可是有一種錯並不是錯，只是自己的缺點，如果我們能明白自己的缺點，先預防、改正，這也可避免犯錯。問題是大多數人都不願承認自己的缺點，往往認為別人口中的缺點，是他人的誤解或偏見，是對自己不公平的評價。

我有一個很有錢的好友，很年輕就致富，經營事業精明能幹，唯一的缺點就是很小氣，從來不請朋友吃飯，不論吃過朋友多少次免費的飯局，也從不會主動請大家吃飯。對他的員工一向以低薪是用，他還很驕傲地分享如何用低薪聘僱員工。對公共事務，他更是不聞不問，只獨善其身。

和他接觸久了，我常想：是不是要和他一樣小氣，才有機會和他一樣致富？

有一次我們聊天喝酒，互相都說出心裡的話，我告訴他，如果他為人大方一點，人緣將更好，事業也可能更成功。

沒想到他竟勃然色變，完全否認自己是個小氣的人，他認為他是花所當花，絕不花不應花、也不需要花的錢。他還認為朋友請吃飯，是他們有理由，且願意，而他沒有什麼好事，為何要請大家吃飯？

因為他絕不承認，我只好說這是我個人偏見，請他別在意。

在此之前，我就感受到要人承認自己的缺點是件困難的事，在此慘痛教訓之後，我更確認「最是艱難知己短」，從此我絕不主動提醒別人的缺點，以免引起不必要的不快。

包括我自己在內，我也很難承認自己的缺點。別人告訴我脾氣不好，很容易和人吵架。

我回答，我生氣都是有原因的，都是別人先惹了我。而且別人說了完全沒道理的話，我為何要忍氣吞聲。

別人告訴我，我對細節不耐煩，常沒耐性盯著所有過程，把所有事情做到完美。我的回答是：「做大事不拘小節。」

別人告訴我，對許多事，我只要想做，事前的評估就會有過度樂觀的傾向，以至於實際執行時，風險過大。

我的回答是：做人當然要正向思考，凡事想失敗，那就什麼事都別做了。

別人告訴我，我喜新厭舊，對於即將展開的新事業，總是興致高昂。可是對已在手的老團隊就不太關心。

我的回答是：新事業根基未定，當然要多關注，老事業都已上軌道，可讓它自行運作。

我一開始都不承認這些缺點，都會先找理由，可是日子久了，我開始體認到「最是艱難知己短」，每個人都很難承認自己的缺點，我決定承認別人所有對我的說法，這些都是事實，如果沒有事實，不會空穴來風。我一定有做了什麼事，導致別人有此印象，我就承認吧！直接改正，善莫大焉。

我為自己開了一個缺點清單，並為缺點可能產生的傷害排序。哪些是重大關鍵缺失，哪些是瑕疵，對重大缺失，只要遭遇類似的情境，我一定要反覆思考、檢視，務必克服此一缺點，才敢放手去做。

每個人都應承認自己有缺點，要聞缺點則喜，有則改之，並記錄自己的缺點，隨時檢討、隨時改正。

後記：

❶人最困難的是在鏡中看到自己的不堪。有一次打高爾夫球時，朋友拿錄影機錄下了我打球的樣子，我看了十分傷心，因為動作既醜陋又怪異，我不得不承認，這是自己的重大缺點。

❷而行為上的缺點，往往涉及他人對自己的評價，因非客觀事實，因此每個人都很難承認，甚至認為是別人的偏見或誤解。

❸承認自己非完人，詳列出自己的缺點，隨時避開或改正吧！

第六項修煉

明快果決

要想實現財富自由，掌握機會是關鍵，可是機會的出現往往稍縱即逝，因此面對機會要明快果決，立即行動。所以修煉明快果決的決策能力，是財富自由的必修課。

不過明快果決半取決於天性，有的人就是思慮再三、猶豫不決，這種人必須要知道自己有此個性，要強迫自己快速做決定，並設定時間，限期做出決策，不要拖過行動的有效期。

下不了決定，多數是因為訊息不明，以致無法判斷，所以一定要限期完成訊息搜集，完成訊息搜集之後，再快速完成比較分析，以「利益極大化」及「可能傷害極小化」，做成決策。

遇到對的事，立即去做，一分鐘都不要等。遇到不對的事，也要即刻放棄，不要猶豫。

明快果決與第十六項修煉「手腳俐落」互為表裡，一個是決策的速度，一個是工作執行的快速，都是做事能達成績效的必備過程。

6-1 明快果決的人

每個人做決定的方式都不一樣，明快果決與猶豫不決是兩個極端，大家都知道猶豫不決是不好的，但遇事仍難免犯此毛病，要如何做到明快果決呢？這需要學習和自我訓練。

我一輩子寫文章，也一輩子教人家寫文章，無數的年輕記者在我手中成長為幹練的優秀記者，而我也從寫文章、改文章中看出每一個人的性格。

我最困擾的是交不出稿子的人，這種人光是寫一個導言，可能就要花兩個小時，他往往寫了個頭，覺得不妥，撕掉重來，不斷寫，不斷重來，總要歷經許多次，一直要我不斷催逼，到最後才勉強交一篇稿子，但總是錯過了正常的交稿時辰。

這種人最大的問題是下不了決心，他永遠在尋找最好的破題法，但不論如何破題，又總想這可能不是最好的，還想再試試其他的破題法，因此才會不斷重來。

這種人也是典型猶豫不決的人，永遠下不了決定，永遠在尋求最佳的決定，永遠在拖延下決定的時辰，永遠要等到最後，才勉強下決定，甚至還常常等到錯過了下決定的時間，而陷入無法補救的災難。

猶豫不決的人，可能是個性使然，對任何決定都不能明快地抉擇，長期養成拖延的習慣，對任何事都要拖到最後一刻，才匆促下決定。也可能是因為自己沒有獨立思考的能力，對任何事都無法分清利弊得失，而導致無法下決定。

當然也可能是面對的問題十分複雜，或錯綜糾葛，釐不清前因後果；或訊息不足，無法做判斷，以致取決不下。

如果是因為訊息不足，或問題複雜，導致下不了決定，這還可以理解，因為面對這種狀況，任何人都無法當機立斷，總要等到問題釐清、訊息明朗後，才能下決定，人人皆是如此。

可是如果是個性使然，拖延成習；或者是因為自己缺乏思考能力，導致無法分析，這都是重大缺憾，務必要立即改正。

學習獨立思考能力，是一項重要的歷程，要不斷自己訓練，才能學會。可是如果是個性使然，那就必須從改正自己的性格下手。

猶豫不決、拖延成習的人，極可能來自於追求完美的個性，凡事都想尋找盡善盡美的最佳解，因此對任何決定都不易滿足，還想繼續尋求更完美的答案，而導致猶豫不決。

如果你是追求完美的人而拖延不決，最好的改正之道，就是體認天下事沒有完美的事實，在人的有限能力下，我們往往只能尋求「較佳解」而不太容易有「完美解」。

更何況，往往「完美解」，可能只能由不斷執行「較佳解」中，慢慢糾錯、改錯，最後才能逐漸得出「完美解」，所以沒有「較佳解」，就可能得不到「完美解」。

因此面對所有狀況，都應該立即下決定，透過快速的執行，不斷修正錯誤，調整方向，這才是最正確的工作方法。

更何況任何事都有截止日，與其到截止期才匆促下決定，使得犯錯的可能性大幅提高，不如及早下決定，做一個遇事明快果決的人。

後記：

❶明快果決的自我訓練，第一步是不求完美，只求較佳，並認知完美的決定不可得。

❷其次是，為所有決定訂定前置截止期，在截止期前三天或一週，作為自己做決定的期限，迫使自己及早下決心。

❸在下決定的最後截止期時，如仍有訊息不明、尚未想清楚，還是要迫使自己下一個「盲眼」的決定。

6-2 快快做、快快錯、快快改

如果做決策前，找不到正確的方法怎麼辦？繼續猶豫不決嗎？繼續停在原地不作為嗎？許多人起心動念要做一件事，可是想了很多年，卻一直下不了決心，終究只是空想。

要如何避免只是空想呢？不斷地「試誤」應是最好的方法。

一家高科技公司，每年有上千億的營業額，每年也都能保持數十億的獲利，可是這些年面對ＰＣ產業翻轉的變局，眼看原有的生意模式不變，營業額不斷減少，他們知道如果不啟動新的投資，未來公司將面臨安樂死。

可是他們思考創新、變革，開發新產品線已有十年了，總無法找到有把握的投資方向，也因此下不了決心，而使創新變革停在原地，十年下來仍靠原有生意模式苦撐，只是生意越來越小，危機越來越大。

這是台灣傳統好公司所面臨的典型困境，曾經有過輝煌的過往，高額的獲利，風光的歷史。可是面臨數位世界的挑戰，一切都改變了，客戶流失，市場萎縮，產品過時。他們知道必須改變，但他們永遠只知謀定而動，要做好市場評估，投資規畫，照計畫執行。可是在數位新時代，他永遠看不清市場，找不到明確的產品，因此只能停在原地，坐困愁城。

傳統的好公司活在已知的世界中，明確的環境、明確的消費行為、明確的產品、明確的生意模式，所以他們知道要投資什麼，要怎麼做生意。

可是現在的數位世界，一切都不明確，新的世界正在演化與形塑中，消費行為也正在發生，消費者不知道要什麼產品，直到新產品出現，他們才會知道要與不要。面對未知，公司要如何投資，如何創新呢？

唯一方法就是立即動手做，透過不斷嘗試錯誤，不斷修正，然後逐步找到正確的方向。這就是「快快做、快快錯、快快改」，然後才有機會快快做對。新的投資是在嘗試錯誤中，與未知的世界一起演化完成。

「快快做、快快錯」是面對未知世界唯一能找到答案的工作方法。

過去十五年我們就是這樣演繹新的投資。當網路興起，我們跳下去建網站；當app興起，我們全力測試app；當行動網路盛行，我們也去做各種手機服務，其中也歷經無數錯誤，可是我們在每一次錯誤中，都向做對事更靠近一步。

我們每年從獲利中提撥二〇%，作為新測試事業的投資，用這些資金去換取對未來世界的理解。

我們也很清楚，只有在還獲利賺錢時，我們才有能力從事不確定能回收的新投資，我們寧可每年少賺一點錢，以換取對未來創新的想像。

對我們而言，跳下去嘗試網路新服務，就是正確的方向，我們只要看到網路世界消費者有不滿意、不滿足、不方便的市場缺口，我們就立即採取行動，而在行動中，使用者的回應會告訴我們做對了什麼，又做錯了什麼，而我們只要隨時改正就行了！

面對已知世界，可以謀定而後動，可以想清楚、做好計畫再行動。可是面對未知世界，沒有想清楚這種事，只能劍及履及，快快做、快快改錯，才有機會快快做對！

後記：

❶為何只是空想？其一是下不了真正的決心，其二是找不到絕對有把握的工作方法。下不了決心是心理障礙，只能從心理層面去改變。找不到正確的方法，則可以從工作面去找答案。

❷許多事是事前永遠找不到絕對正確的方法，這種事只能從執行中去找答案，先做再說，透過做的過程，透過犯錯的過程，逐漸找到正確的方法，這就是「快快做、快快錯、快快改對」的用意。

6-3 用最快的速度做對事

決策快速，仍要配合執行的快速，才能達成最佳效果。這是一個速度決勝的時代，凡事先下手為強，而且還要先完成、先到達目的地，這才是速度決勝。

當亞馬遜（Amazon）橫空出世，成為全世界網路的新明星時，版權代理向我們推銷一本亞馬遜的成功故事，由於時機正確，我們決定下手搶標，只不過同業也十分看好此書，版權金一路飆高，一直到我們覺得必須放棄為止，我的公司失手了，沒搶到此書出版。

我不死心，要同事找作者重寫一本亞馬遜的成長故事，而且要趕在這本英文書的中譯版之前出版。

我計算這本英文版的書，中文翻譯本大約要在一年後才能出版、上架。因此我要求同事找作者重寫的書要在六個月到九個月內上市，要比英文中譯本早出三個月到半年左右，這樣我們就可搶先販賣，席捲市場需求。

就在我們全員努力之下，這本亞馬遜的成功故事，終於在八個月後出版，趕上市場的真空需求期，成功成為暢銷書，而那本英文翻譯書則在十個月後出版，雖然只落後兩個月，但先機一輸，滿盤皆墨。

這就是「不但要做對事，還要用最快的速度把事情做對」的工作邏輯。「做對事」才會有成果、有績效，這是辦公室中對每一個工作者最基本的要求，要選對的事做，並且把事情做對。

可是當大家都學會做對事之後，就要再加上時間因素，用最快的速度做成對的事。尤其當一件事涉及市場競爭時，誰先推出市場就能搶占先機，那就更要講究速度。同一主題的兩本書，如果產品力類似，而價格又接近，基本上就沒有差別，其成敗就要看誰先上市。為什麼我要求團隊一定要在半年內出版？就是預判對手可能會在九個月內上市，我要領先三個月的上市期。

我們不但要做對的事，而且要在最短的時間內完成，用速度取勝。用最快的速度做對事，不只是考慮外部競爭，也是內部效率提升的方法。

如果一件事的完成要一個月，當大家都可以在一個月內做對事，我們就應該提出更高的目標，要不就是提高工作成果或品質，要不就是減少工作時間，提高工作效率，因此壓縮工作時間，如果能在三週或更短的時間內完成，將可減少時間及人力成本。

速度已經成為現代企業經營的重要變數，產品的生命週期變快、變短，市場上不斷出現新生事物，決策的速度要更快，工作的速度也要提升。選擇做對的事及把事情做對已經不足，還要用最快的速度去完成對的事，才能趕上市場的變動與競爭。

後記：

❶這世界早已是速度決勝，新產品上市，從兩年變成一年，再變成六個月，最後變成三個月，最後是能早一天是一天，這才趕得上市場的變動。

❷工作的執行有正常的速度，但也有快節奏，通常急件的時間會少三〇％至五〇％，如何將正常的速度壓縮到更短的時間，也是決勝的訣竅。

❸每天都要想如何用更快的方法做對事。

第七項修煉

讓人相信

人如果能讓人相信，勢必得道者多助，左右逢源，因此如何做到值得別人信賴，就是人生重要的修煉。

可是要讓人相信，首先我們就得是一個值得信賴的人。正派、正直、誠懇、誠實，做到這四項特質，就是可以讓人相信的人。

而要判斷我們是否是正直、正派、誠實的人，必須要有較長期的觀察與接觸。可是大多數的時候，我們對人無法得出此明確的結論，因此溝通及互動的過程與方式，就變成能否讓人相信的關鍵。

要讓人相信，溝通過程中的流暢、清楚、明白，是第一步，我們的主張必須主題清楚，論述嚴謹，結論簡潔，這就是好的溝通。

要讓人相信，伶牙俐齒、滔滔不絕並不是要件，溝通時不需急著陳述自己想說的話，要了解對方的需求及心理狀況，適度表述即可。

7-1 讓人相信的人

相信是認同與接受的開始，一個讓人相信的人，做起事來無往不利，每個人都願意與你一起攜手合作。

而一個人為何會讓人相信，最重要的是信任你的人品、人格，信任你不會說謊、做事有原則，是有道義的人。這是人與人之間全然的信賴。

我人生的第一個官司，是家族世代耕作的一塊山坡地，從曾祖父開始，我們就是佃農。地主的子孫在傳了幾代之後，竟然說我們家族侵占，我不得不代表家族提起確定租佃關係之訴，當時我委託了一位在社會上以公義聞名的律師代表出庭應訊。

沒想到這位律師竟然是一位說話結巴、口條不好的律師，看到他出庭時的應答，我真是擔心，對法官及對方律師所提出的問題，他經常結結巴巴、說不清楚，我都想替他回答。

可是這位律師外表一臉誠懇，正義凜然，說話雖不靈光，都讓人不得不相信，後來這個官司我們打贏了，從此我得到一個教訓：說話不需要伶牙俐齒，但為人一定要誠懇誠實，這樣才會讓人相信。

人無時無刻不在對外溝通，而溝通就是要讓人相信你所說的話；而別人要相信你所說的話，只有兩個要件：第一個要件是你是不是值得相信的人；第二個要件是你說的話是不是合乎邏輯，是不是言之成理。

這位律師素有正直之名，一向熱心公益，這也是我找他的原因，他是一個為人誠懇、說話誠實的人，出庭時，他說話吞吞吐吐，離辯才無礙很遠，可是說的每一句話，前後之間的邏輯關係卻很嚴謹，讓人不得不相信。

所以要讓人相信，首先就是要讓自己變成一個誠懇待人、誠實說真話的人。而這是為人處世長期累積的印象，絕非見一次面就會得到。

如果只見一次面，又如何讓人比較容易相信呢？誠懇而拙於言辭是讓人相信的要素。

誠懇指的是只說自己相信的話，實話實說，沒有誇張的動作及言語，除非被要求發言，絕不多話。

至於拙於言詞，指的是講話不流利，說話速度慢，雖然不至於到說話結巴的地步，但一定要讓人明確知道你絕對不是能言善道的人。

大多數人面對能言善道的人，都會不自覺地提高防禦心，也會仔細分辨其講話內容的真偽，絕對不會輕易相信。

可是相反地，遇到拙於言詞的人，大家都會不自覺地降低防禦，覺得說話不靈光的人比較不會騙人，因此拙於言詞有助於讓別人相信。

當我們第一次與人見面時，最忌諱表現出口齒伶俐、辯才無礙的能力，這會讓人對你提高警覺，並且對你所說的話打折扣。尤其我們見面的對象，是我們極須說服的人，就更不可以逞口舌之利，言詞之快！

當然，要讓人相信，不需要口齒伶俐，可是至少要說得清楚，講得明白，內容也要邏輯嚴謹，再加上態度的誠懇，就可以贏得別人的信賴。

後記：

❶信賴來自於人與人之間的整體印象，外表、行為、語言，會形成是否信賴的基本判斷。

❷而進一步的信賴，來自言行是否如一的檢查，聽其言，然後觀其行，表裡如一，就會獲得進一步的信賴。

❸會說話的人不見得會獲得信賴，只會讓人提高警覺。

❹這位律師在社會中，因長期從事社會公益，因此正直、正派之名遠播，所以他的陳述獲得了法官的認可，不會說話反而不是缺憾。

7-2 溝通的三段論法

要讓人相信，一定要把溝通的內容說清楚、講明白，因此溝通方法極為重要。溝通最忌長篇大論，重點不明，溝通也不可邏輯混亂，說理不清。最簡單的溝通是三段論法，把溝通的內容分為三段：主題提示；延伸論述；結論。

小學五年級時，學校舉辦演講比賽，我被老師指定代表出賽，而參加比賽，面臨的第一個考驗就是要寫一篇演講稿，我還記得當時的講題是「書到用時方恨少」，我為了寫這篇講稿，花了很大的心思，從書是什麼？我的讀書經驗，從課本到課外讀物，到如何從書中找到答案，幾乎把所有讀書相關的事都包括進來了，我自覺寫得很完整。

老師看了我的講稿之後，說了一句話：太多太雜了，要簡單一些。接著老師告訴我：短短幾分鐘的演講，只能針對主題，遵守簡潔的三段論法，就可以說服聽眾。

老師接著說：所謂的三段論法，就是全部內容分為三段，第一段陳述現象或事實，以切入主題；第二段展開論述，從第一段的事實展開進一步的解說，以為結論做準備；第三段則說出結論。只要掌握事實、論述、結論的三段論法，聽眾最易接受。

我根據這三段論法，改寫講稿，我先說了一個因缺乏知識而陷入困難的故事，作為第一段的事實導入。然後檢討以前沒有認真念書，導致現在求救無門，接著再延伸到讀書的重要，要無所不學，以備不時之需。

最後下了結論：書到用時方恨少，要避免這種為難，就要多讀書，把自己變成博學之人，任何狀況，任何困難，都可迎刃而解。

這個三段論法影響我一生，小到簡短的聊天溝通，較長的簡報、演講，甚至寫文章，我都善用這三段論法，這變成我一生最有效的溝通方法。

三段論法的優點是：每次只說一件事、一個觀點或一個結論，但卻是分為三個段落來說明白，分別為事實、論述及結論。事實是整個溝通的導言，而論述則是說理的核心，連接導言及結論，透過論述可以清楚地引出結論。

當我學會三段論溝通法之後，我變成一個高效率的溝通者，每一次的溝通都可以直指核心，絕無誤會。

後來，我又學會了邏輯思考，我進一步把「歸納法」及「演繹法」這兩種邏輯推理運用到溝通的三段論法，我嘗試在三段論法中，套用「歸納法」或「演繹法」的邏輯論述，使我的主張更具有嚴謹的推理過程，加強我的說服力。

人無時無刻不在對外溝通，溝通時我們通常是要陳述自己的觀點，試圖讓別人理解，並接受。因此，清楚明白地陳述自己的觀點，是溝通成功的要件，而三段論法是溝通最有效的方法。不論我們想陳述的觀點有多複雜，我們一定要把複雜的陳述簡化為簡單的三段論法，並歸納成清楚明白的結論，這樣才能達成有效溝通。

後記：

❶不論溝通的內容有多複雜，一定要把主要內容簡化成三段論，去除不必要的枝節，簡化邏輯。

❷三段論法可用在一般溝通，也適合公眾演講，這是讓受訊者容易吸收理解的方式。

❸三段論中，結論最重要，不管之前說了什麼，最後一定要繞回結論，讓受訊者明白我們說話的重點。

7-3 不急著說自己想說的話

要讓別人相信我們，通常都會急著把心中所想傾吐出來，可是越急著說話，未必一定有好的效果，甚至可能有反效果。

說話要看對象，要選時機，要鋪陳情境，要講究邏輯，沒有這些要件，不急著說話。

我曾有幾次非常失敗的溝通經驗：

有一次在一個吃飯的場合，大家談及核電問題，我因為自認為對核電有所了解，因此就直截了當地提出我對核電的看法。沒想到座上有一位核電專家，他對我的說法提出了許多糾正，讓我感到十分為難。

另一次我和一位同事討論工作上的問題，雖然我要他先提出他的想法，但我沒有耐性聽他仔細說完，就打斷他的話，並直接說出我的看法，事後證明我的說法有嚴重的問題，關鍵在於我沒有等他說完所有的話，以至於對真相有所誤解，而下了錯誤的判斷。

再一次是我與一家公司洽談合作，我約了對方的老闆見面，整個溝通過程，我都急著說明此項合作的好處，說完之後，這位老闆說話了：「這項合作對我的公司有什麼好處？」這時我才驚覺，我所說的好處，都是從我方的立場出發，並沒有考慮到對方，雖然事後我試圖補救，可是我只顧自家利益的印象已經存在，事後的溝通變得益加困難。

這些錯誤的溝通經驗，讓我導出了一個成功溝通的不敗心法，那就是要完成成功的溝通，一定要遵守「不急著說自己想說的話」的基本原則。

第一則故事的教訓是，不知道聽話人是誰，不知道他們的底細時，絕不要輕易開口說話，發表意見尤其要避免，因為就算知道對方是誰，但如果不知道他們的意識型態、價值傾向，也可能無心得罪人。

第二則故事則是指說話之前要先仔細傾聽，一定要聽完所有的話，了解所有事實之後，才能做出回應。而且在傾聽時，一定要全心全意，才能明白話中的真意，甚至還要聽出話中的弦外之音，知道對方的動機和需求，回應時才能切中要害。

第三個故事說的則是：要把自己想說的話，從對方的立場、對方的利益著眼，轉換成對對方有利的話語，對方才容易聽得進去！

通常越重要的溝通，越困難而麻煩的溝通，雙方一定存在著立場的歧異、利益的衝突、觀點的不同。而成功的溝通，就是要讓對方接受自己的觀點與想法，最起碼也要在雙方的歧異中找出彼此都能接受的平衡點。

而要達成成功的溝通，最好的方法就是把自己想說的話，轉換成從對方立場能理解、能接受的話，用對方的話說出來，這樣才能化解歧見，把自己的想法推銷給對方。千萬不要一個勁地說些自己認為有道理的話。

而總結這三種失敗的溝通經驗，要成功溝通，最重要的就是「不急著說自己想說的話」，要先把自己想說的話暫時隱藏起來，直到確定知道對方是誰，對方的立場如何，並且仔細傾聽對方的話、對方的論點，了解所有的事實真相之後，再用對方的話說出自己想說的話，這樣才能完成成功的溝通。

先閉上嘴，別急著說話吧！

後記：

❶說話不只是單獨的說話，還是處在複雜的生態系中，包括說話的地點、場域、對象、時間及情境等，每一個細節都會影響所說的內容是否被接受。

❷說話前，一定要確定是在正確的情境下才開口。

第八項修煉

協調合作

人一定是活在團隊與組織中，要得到任何成果，也必須與其他人合作，所以人必須學會協調合作，能與別人共事，激發團隊力量，完成最大的成果。

要學會協調合作，必須先學會分享，因為一起共事，就是要得到好的成果，而有成果之後，就涉及回饋，回饋要公平，就必須有分享的態度，要願意與別人共享成果，不可誇大自己的貢獻，獨占回饋。

協調合作的對象，可以是共同創業的夥伴，可以是平行的同事，也可能是團隊中的部屬。要合作，絕對不可以有個人英雄主義，要認知到，要成大事，只有我一個人什麼事也做不成。

而回饋與分享，也不只限於創業夥伴，團隊與員工的回饋也很重要，在所賺的錢中，分出一定比例回饋員工，這是理所當然。

8-1 能協調合作的人

人要成就一番事業，不可能獨力完成，事業越大，需要的人手越多，需要的能力越大。因此，想成就自己的人，必須先學會與別人合作，要與別人合作，則必須先學會放棄自以為是，要能辨識欣賞別人的優點，還要能公平地評價別人的貢獻，然後分享成果，給予回饋。

合作的對象又分夥伴與團隊：夥伴是有認同、能交心、互相分工合作、密不可分的人；團隊則是按需求組建的組織，一起工作、接受指令、完成任務的人。

我這一生歷經多次的創業，而每一次創業我都不是一個人獨立完成。

在每一次創業前，我都會仔細盤點這個新創事業的成功關鍵因素包括哪些，再檢視這些因素中，自己已擁有哪些，還欠缺哪些，然後再進一步分析，有哪些人擁有這些我所欠缺的能力，確定之後再一個個請益，邀請他們參與我的創業計畫。最多的一次創業，我擁有其他五位夥伴；最少的一次，我也至少擁有一個夥伴。

我的創業，都是和別人協調合作，當然，創業成果我也會與他們共同分享。

我之所以會選擇與他人一起創業，是因為我知道自己能力不足，而且深知天下能人眾多，與其自己做，不如找人合作，更能快速達成目標。

能協調合作，是一個人成功的關鍵要素。能與人合作者才能成大事，才能聚集天下能人，成就不凡功業。

要能與人合作，必須放棄自以為是的想法，要能尊敬與欣賞別人的優點，並且要公平地評價別人的貢獻，給予別人適當的回饋。

我因為確知自己的不足，因而對各式各樣的能人異士格外關注，也不斷地在市場上訪求能人異士，這些人都是我在工作及創業時不可或缺的助力。

而在真正進入合作之時，我謹守著「寧做大餅、不分小餅」的原則。因為任何合作，首先要解決的就是利益分配的問題，務必做到公平合理，禍福與共，利益均霑，這樣的合作才能持久。

問題是如果利益的餅不夠大，就算一個人獨占猶嫌不足，奢談分餅，只會讓大家傷心，因此從合作開始，我就抱定要把餅做大的原則，一切以大局為重，一切以做大餅為目標，務必要有大成功，才能有大利；有大利，分餅才有意義。這是做大事、重大局，不爭小利的合作原則。

這不只用在創業的合作夥伴身上，我也會以合作的態度，來面對團隊成員。在組織團隊中，也不乏能力超強的工作成員，對這種人我不會視之為員工，也不會隨便使喚，在薪水待遇上，更不可以怠慢。我會想盡各種方式，讓他們在工作上獲得滿足、在待遇上滿意，因為這種人是我必須珍惜的另一種工作夥伴。

協調合作是一種特殊的工作特質。許多能力強的人反而不具備此一特質，當一個人自視很高，容不下別人的優點時，當然就不可能與別人合作。這種人只會有唯命是從的部屬，不會有攜手合作的夥伴，而其事業的鴻圖，也僅限於其個人能力所及，不可能有非凡成果。

一個人要想有更高成就，就要集智眾力，能與他人協調合作，合眾力為己力，才能突破個人能力的局限。

後記：

❶尋找合作夥伴，首先一定要有辨識能力，能分辨誰是有能力的人，是哪一種能力，能用在哪裡。當有需求的時候，就能找到這樣的人。

❷我心中隨時都有一個能人異士資料庫，隨時搜集、追蹤，刻意接近、交往，方能在有用時不缺。

❸與人合作，必要時要能懂得退讓。分工時如有競合，大家都想做同一工作，要能退讓；分餅時，如有不足，也要能退讓，才能成就大局。

❹對團隊也要用對待夥伴的方式。

8-2 分享與吃獨食

合作能否長久，取決於「分贓公平」，當獲得成果時，能否給予每一個參與者合理、公平的回饋。

這世上有兩種人，一種是吃獨食，一種是能分享。吃獨食的人，還是會與人合作，可是當分享成果時，他會誇大自己的貢獻，而輕忽別人的投入，自己永遠分最大的餅。而願意分享的人，則可以公平合理地分餅。吃獨食的人，最後都只剩下一個人，因為沒有人願意和他長久合作。

我有一個老友兼合作夥伴，有一次問我：為什麼我的夥伴都一一離開我，我是不是犯了什麼錯？

我和這位老友合作幾十年，在這幾十年中，這位老友不斷地引進新的合作夥伴，但都在三、五年蜜月期之後，紛紛選擇離開，有的是和緩分手，有的則是翻臉走人。

他會問這個問題，是在一位夥伴和他翻臉，甚至差點對簿公堂而離開時，有感而發與我的對話。

面對老友的詢問，我沒有說真話，我只回答：天下無不散的筵席，只要把公司經營好，別在意他們離開了。

我沒說真話的原因，是怕他受不了，而且說了他也可能不會改，索性就不說。

他是喜歡吃獨食的人，永遠放大自己的貢獻，輕忽別人的投入，因此在獲利分餅時，永遠是他分到最大的一塊，因此日子久了，所有一起工作的夥伴都會選擇離開。

這是人的天性。這世界上有兩種人：一種是吃獨食的人，一種是願分享的人。吃獨食的人完全以自我為中心，眼中只有自己，做事時以自己為主，別人都只是可有可無的協力者。他心中的想法如此，因此在計算利益回饋時，當然也是「我最大」，別人只是意思意思而已。

而願分享的人正好相反，樂於找別人合作，能尊重並欣賞別人的優點，而利益分配時，往往也能公平合理，夥伴們的合作較能長久。

大多數吃獨食的人都是人生的輸家，因為人生不可能不與別人合作，而與別人合作一旦有成，因分配不公，合作立即破局，吃獨食的人就不易再順風順水了。

少數吃獨食的人能成功，要有一個能力極強的前提，他只靠一己之力便能成就事業，可是事業有成，他也會忽視團隊的貢獻，不願與團隊成員分享利益，結果是能人遠離，庸人留下，他的事業也就永遠停留在不上不下的小格局。

我另一個喜歡吃獨食的老友，能力超強，創業極為成功，但生意永遠停留在一、兩億的規模，其中偶有一兩年上升到三、五億，公司也賺了大錢，可是也都是因為他不願分享，讓能幹的核心團隊成員寒心而離職，公司隨後又立即打回原形；可是我這位喜歡吃獨食的老友，明知問題何在，卻死性不改，他寧可吃獨食，讓自己得到最大利益。

這位老友近來向我承認：他因為沒有能幹的團隊，這盤生意將及身而亡，沒人可以接手，言下不勝唏噓。

沒有人是萬能的，每個人都需要與人合作，才能互補短長，才能成就事業，可是要合作的前提就是願分享，願分享的前提就是知道自己的不足，就是知道別人的優點，就是欣賞、尊敬別人的能力，當然就可以很公平合理地評價別人的貢獻，而給予適當的回饋。

願分享的人才能成就大功業，願分享就是與合作夥伴公平合理地大碗喝湯、大塊吃肉、大秤分銀！

後記：

❶吃獨食的人，最好是一個人創業，自己冒風險，自己成就自己的事業，免掉分享時的爭議。

❷吃獨食的人，對團隊、員工也一定是小氣的，因為他會認為最大的貢獻是自己，團隊只是隨時可以替換的手腳。

❸願意分享的人是謙虛的，是容易溝通協調的，是不堅持己見的，是聽得懂別人的話的人。

8-3 我一個人什麼事也做不成

能力再強的人，都需要團隊，要成就大事業，團隊組建更是關鍵。團隊未必要大，適當就好，但團隊組建一定要時間，要經過長期的磨合，才能手眼協調、合作無間。

能力超強的人，往往忽略團隊的力量，得等他真正理解團隊的重要，並構建成有效率的團隊時，才有可能成功。

二〇〇三年，我得到一個機會，可以在中國大陸經營出版，這是一個極難得的機會，我決定全力以赴，放手一搏。

我帶著在台灣經營出版的成功經驗，把全部的Know-How全盤複製過去，也把台灣成功的暢銷書帶去，唯一沒去的是台灣的團隊，我下決心使用當地的團隊，找了一個在大陸有經驗的出版人，由他組建團隊，也由他負責實際的營運。

剛開始，我在內部開了一個出版培訓班，花了一個禮拜，講了幾天的課，我把出版的每一個環節，都仔細講透，希望這個團隊能快速承接台灣的經驗，快速上手。

可是半年之後，營運績效一直不彰，雖然我半個月、一個月就去一趟，但始終無法改善，我不得已，只好從台灣派一個幹練的主管，前去督軍，可是一個人孤掌難鳴，也起不了作用。

我開始檢討，為何我在台灣和在大陸，都用了一樣的方法經營，卻得到完全不同的結果，台灣穩定成長，大陸日益沉淪？

其間的差異就在於團隊，台灣我已經有了一個幹練的團隊，我只要動動口，一切就能正常運作。可是大陸表面上我也建立了團隊，卻是一個雜牌軍，我動口，他們也聽了，可做出來完全不對，沒有可以信賴的人，我一個人去，什麼事也做不成！

我回想我在台灣的團隊，是我花了十年的時間建立的，有的主管是從基層訓練培養，有的人是從外部延聘而來，但經過長期的磨合，已經變成一個非常有默契的團隊，有了這些人，我要做什麼事，都可以快速完成。

而我遠赴中國做出版，異地遠距離經營，再加上我未能親自督軍、親力親為，卻竟然想憑空建立起一個能打仗的團隊，這真是異想天開，最後的失敗，其實早就可以預料。

從此之後，我做任何事，務必先行找到可以完全信賴、可以託付重任的人，我才會開始。

我徹底省悟：只有我一個人，什麼事都做不成的道理！

後來當我要啟動任何新事業時，我一定會仔細盤點這件事成功的關鍵因素有哪些，這些關鍵因素要能成功需要哪些努力，而誰又是擁有這些關鍵能力的人。我必須把這些具有關鍵能力的關鍵人才補足，才會去做這件事。

我曾想創辦一本雜誌，但因為缺乏一種關鍵人才，始終無法行動，就這樣尋尋覓覓了十幾年，最後我終於說服了一個擁有這種能力的人才，並把他延攬成為創業夥伴，才下手創辦這本雜誌，事後證明這本雜誌在找到正確的人之後，果真成功地受到讀者信賴。

一個人再有能力，也必定有所不足，因此想成就事業，一定要能協調合作，願意與有能力的人一起分享，也要能辨識他人的優點和專業，更要能欣賞別人的能力，把這些人都援引為工作夥伴，才有機會成功。

後記：

❶創業初期，凡事親力親為，無可厚非，但身邊一定要有可以接手的協力者，當自己走出路來時，必須要有人能承接。

❷新成立的團隊，一定要經過仔細的磨合，歷經成功與失敗，當團隊成員各自找到自己能扮演的角色時，團隊才真正成形。

❸對團隊的分享和回饋一樣重要，必須要公正評價每一個人，不公平是團隊分崩離析的主要原因。

第九項修煉

恐懼求變

人一生都在追逐安逸穩定，可是一旦穩定，就難免輕忽隨性；人也一生都在追逐成就，可是一旦稍有所成，就難免自滿，甚至狂妄。而一旦輕忽自滿，人就會停止學習成長。所以長保敬畏、恐懼，虛心求變，是人必學的第五項修煉。這項修煉，確保人能突破小成，邁向顛峰。

恐懼求變必須要理解「福兮禍所伏，禍兮福所倚」的道理，在穩定熟悉的環境中，長保猶疑恐懼之心。

恐懼求變，也要能克服內心自滿的情緒，控制為所欲為的衝動，我們常因小成而無所畏懼，甚至率性而為。我們必須常存敬畏之心，凡事都需小心應對，尤其在小成之時，更需謹慎。

在恐懼求變的同時，也要對所作所為，設想失手時的可能作為，為失手買保險。

而恐懼也代表我們內心的敬畏，敬畏環境、敬畏市場、敬畏對手，隨時兢兢業業，小心謹慎，對所有的變動保持高度警覺，隨時都準備應變，才能長保安泰。

9-1 對環境敏感，尋求改變的人

環境是人生最大的變數，人不可能改變環境，只能應變，因此，覺察環境的變動及早因應，是逢凶化吉的法則。

我對環境的變動極其敏感，對任何變動我都會推測其未來發展，然後再決定我個人如何因應，我人生幾次重大的抉擇，都與外在環境有關，事後也證明我的抉擇是對的。

人一定要對環境敏感，不斷尋求改變。

我的一生對環境的變動，都隨時保持高度的敏感，並積極求新求變。

三十四歲，我主動離開媒體的舒適圈，因為我已經過了將近五年安穩舒適的日子，我覺得繼續這樣下去，我的一生不會有不一樣的成就！

一年之後，我遇到了台灣歷史上關鍵性的劇烈改變，那一年，政治解嚴，開放組黨，媒體自由化，報禁開放；再加上經濟自由化，外匯管制開放，台灣徹底走上自由化之路。在感受到劇變將臨之時，我決定創辦《商業周刊》，用更快的節奏來註解台灣社會的變動。

一九九五年，我感受到電腦使用從辦公室走入家庭的趨勢，勢必引發全民的電腦大學習潮，我決定創辦《PChome電腦家庭》雜誌。

二〇〇七年我察覺網路的使用將徹底改變人類的訊息使用，開始積極投入網路事業的經營，每年投入極大的資金在新的網路服務上。

這每一次的變動，都來自於我對外在環境變動的敏感，一旦環境改變，我就會積極主動求變、應變，並尋求改變。

而每一次的改變，都使我免於在劇變中滅頂，甚至使我能晉升更高的境界。對環境變動敏感，對現況隨時存在猶疑恐懼之心，生怕因為環境的變化，一覺醒來，原本熟悉的世界，忽然發生天翻地覆的改變，導致原已擁有的成果，一夕之間完全不復存在。這是一個人能維持長期的安定，並不斷進步的原因。

其實環境的轉變，並非在一夕之間忽然完成。在轉變之前，一定會出現各種預告。可是如果我們對事前的徵兆不敏感，無動於衷，最後總免不了措手不及。

環境又可分為大環境、中環境與小環境。

大環境是指世界、國家、社會的變動，面對這些變動，大多數人總覺得無力、無感，因為離個人太遠，因而不關心、不思考，也無能力應變，而無所作為。

新創辦《商業周刊》的那一年，台灣所有的變動，都是大環境的變動，可是我因為敏感，而看到台灣邁向自由化的劇變，預判到週刊時代的來臨，而跨出了關鍵性的一步。證明大環境並非不可預測，也不是不能有所作為。

中環境指的是所處行業的趨勢，行業的興衰轉折，整個行業都必隨之改變。我投入創辦《PChome電腦家庭》雜誌及積極參與網路變革，都是看到中環境隱含的挑戰與機會。

至於小環境指的是個人生涯，所處的公司與所在的職位的變動，這是每個人最容易感受到的變動，可是一旦變動出現，個人再採取因應，可能已時不我與，總要在變動真正來臨之前預為因應。

人必須要對外在環境的變動敏感，隨時對現況保持戒慎恐懼之心，在變動前察覺出危機的存在，也察覺出可能的機會，這是一個成功者必要的特質。

後記：

❶許多人不是對環境變動無感，他們看到、知道變動，也曉得要改變，但卻因下不了決心，錯過了改變的時機，最後隨著環境沉淪。

❷從網路世界興起，世界就發生天翻地覆的大變動，徹底改變了人類行為，也徹底改變了世界經濟，每一個人都需要重新思考自己的定位及未來的角色。

9-2 成功者症候群：無所畏懼

成功讓人充滿自信，自以為是，成功也會讓人驕傲，無所畏懼，覺得自己可以做到所有的事，所以勇往直前。過度的自信，伴隨著災難而來，成功的背後潛藏著危機。

人面對陌生的環境，必定小心謹慎，而一旦熟悉，就會放鬆警戒，率性而為，這也是肇禍之始。

每次出國，我就變了一個人。所有的反應都慢了兩拍，跟陌生人講話，總要想很久才有回應，做任何事都慢慢來，不像在國內，隨時都反應敏捷，動作快速。老婆會很奇怪地問我：「你為什麼一出國，就像一個呆子？」

我自己檢討，因為到了一個陌生的環境，對任何事都不熟悉，所以我總要想很久，才能做出回應。

這應該是每個人都會有的反應，在熟悉的環境，如魚得水，無往不利；在陌生的環境，則必須小心謹慎，以免犯錯。

人通常是知道害怕的，這也是生存的本能。只要遭遇陌生的新鮮事物，通常小心翼翼，謹慎應對，直到熟悉之後，才會逐漸放下心防。

可是人也會因為習慣、熟悉，而從小心謹慎，逐漸變成不知害怕，無所畏懼。許多災難就從不知害怕開始發生，這是職場常見的現象。

新鮮人初入職場，一定從小心謹慎開始，這時候學習快速，日起有功。可是在工作一、兩年之後，當一切都熟悉了，就開始自我感覺良好起來，面對工作，輕忽以對，做起事來，老氣橫秋，一不小心，就會犯很不可思議的低級錯誤。犯錯時，如果組織又沒有嚴厲處置，工作者就會養成輕忽的惡習，終身難改。

職場中另一種不知害怕的災難，來自資深主管及中高階經理人。這些人因為成效卓著而被提拔、賦予重任，身上充滿了外界認同與肯定的光環，心中滿是成功的記憶，難免以為天下沒有任何事能難得倒自己，這時候很自然地就會放手施為，甚至膽大妄為。

中高階經理人的不知害怕，來自於過去的成功經驗與他所被賦予的頭銜。成功經驗讓他自信滿滿，自以為能力超凡，這是「成功者症候群」；頭銜則使他擁有地位與權力，有過度的自信去做所有的事，這是「頭銜症候群」。

有了成功與頭銜之後，通常會出現三個盲點：一、高估自己的能力；二、低估事情的難度；三、錯估外在情勢的變化。而所有的盲點都來自於心中無所畏懼。

每個人的能力都有其客觀的標準，高估能力的結果是勇於承擔自己能力所不及的事。事情的難度也有其客觀的事實，如果輕忽以對，只看事情的表面，恐怕會忽略其中隱藏的陷阱，而孟浪從事。

外在情勢的變化尤其不可預測，謹慎的人會把情勢的變化考慮在內，並預留餘力，因應不時之需；而過度自信的人，往往忽視環境的變化。

無所畏懼是成功之後的絆腳石，也是順境時的陷阱。人永遠要保持知道害怕，對所有的事知所畏懼，永遠小心謹慎，謙虛面對，才能長保順境。

後記：

❶成功者的症候群，會高估自己的能力，也會低估事情的難度，更會錯估外在情勢的複雜度，以致陷入危機而不自知。

❷成功者必須知道禍福相倚之理，知道成功會讓自己膽大妄為，因此只能刻意壓抑自己的輕忽，才能趨吉避凶。

9-3 馴服內心率性而為的魔鬼

每一個人都想當家作主，都想自己做決定，不用看別人臉色，這種駕馭天下的快感，是許多人夢寐以求的事。

可是凡事一言而決，凡事所有的人都在等待你的決定，而不幸的是你可能也不知怎麼做才是對的，你自己也沒有正確答案，當家作主反而變成一件可怕的事。

我的內心總有一匹隨時可能脫韁的野馬，經常想放馬奔馳！

這匹脫韁的野馬就是「恣意率性，為所欲為」的念頭，任何事我都跟著感覺走，想做什麼就做什麼，人生快意，莫過於率性而為所欲為。

當我想吃的時候，我就能縱情大嚼，滿足口腹；當我想看想聽時，我就能盡情飽覽聲色之美；當我想玩時，我也能放手玩樂，直到痛快淋漓為止。

這是生活上的率性而為。

工作上我也期待率性而為！

我希望我能當家作主，主導所有工作的進行，我對每件事都有意見，只要我的想法能被執行，我就會有成就感，因為這代表著我能為所欲為。

工作上的為所欲為，代表我有充分的發揮空間，我的專業被認同，我的能力被尊重，我能做所有我想做的事。

率性而為有一個絕對正確的名詞，叫作自由。生活上的率性而為，代表我擁有生活上的自由，我可以按照自己的想望，去過我想過的生活，這是最快樂愜意的情境。

工作上的率性而為，代表我對工作有絕對的自主權，不用看任何人臉色，所有的決定我可以一言而決，我擁有最大的成就感，我做決定，我作主！

可是率性而為也是全世界最可怕的事，其中隱藏著不可預知的風險。

人為什麼會率性而為？通常是來自於自信，對自己能力的信心，對自己掌控環境的把握，認為自己不論怎麼做，都可以擺得平，因此就毫無顧忌、為所欲為。

可是我們一旦率性而為，經常就會高估自己的能力，低估所執行工作的難度，更可能錯估外在環境的複雜度，而使我們陷入不可測的風險。

率性而為雖然是我們心中的期待與想望，但我們並不能一切都率性而為，率性而為必須被有效管理，我們必須馴服心中期待率性而為的魔鬼。

要馴服率性而為的魔鬼，有兩大良方，一是內心自我的自覺，另一是來自外在世界的規範。

自我的自覺來自畏懼與害怕，畏懼率性而為可能產生的不良後果。率性而吃，可能喪失健康；率性逸樂，可能使生活沉淪；率性放手作為，可能導致深陷不可測的風險，而徹底摧毀我們現在所擁有的一切。

外界的規範則是對人類社會規則的尊重，道德、倫常、社會上大家共同遵守的常情常理、法律的禁制，這些都是外在的規範，率性而為也要在外界規範的許可之內。

孔子所言：七十而從心所欲，不踰矩。不踰矩就是外界的規範，孔子追逐一生，才能從心所欲，而仍有不踰矩的但書。

人生期待快意而行，率性而為，但永遠要保持畏懼害怕之心，也要遵守規範，才能持盈保泰，安穩一生！

後記：

❶每個人都應知道當家作主是光彩的事，可是也是危險的事，因為缺少了制衡，沒有人可以反對你，你的錯誤可能沒人能糾正，一直到災難發生。

❷每個人都應自我限制率性而為，要求別人可以直言不諱反對你，要制止你去做不該做的事，要真心誠意接受規勸。

9-4 設想最壞買保險

「人生不如意事，常十之八九」，做任何事絕不可一相情願地只想順利，更應該思考失手時該怎麼辦。

做事前，事先預想最壞狀況出現時，要承擔什麼後果，並為後果預為準備，這是動手做事前該做的事！

年輕時，我就一心想創業，因此結婚後，我就和老婆約法三章：如果兩個人都有工作時，那我們互相買保險，隨時任何一人工作不愉快，都可以立即走人，因為另一人仍有工作，可以提供生活保障。而如果一人工作不穩定，另一人就要安穩地工作，這就是夫妻之間互相買保險的觀念。

只不過這一生，選擇不穩定的永遠是我，我一直在創業，創業就代表風險、不穩定，而老婆永遠安定地領一份薪水，做我萬一創業失敗的安全保障。

一直到四十五歲，我的創業終於安定下來，我才讓她離開職場，回家過安定的日子。

我經營出版，出版生意是講究打擊率的，出版的書中有多少比率是可賺錢的，也一定有一些會失手賠錢，賺錢的打擊率越高，就越能賺錢；打擊率低過某一水準，就會賠錢，因此提升打擊率，減少失手率，就是經營出版的奧祕。

我一生經營出版從未賠過錢，原因在於我「絕不出版沒把握的書」的原則。

我們在出版每一本書之前，一定會做精準的預測與試算。如果有一本書預估的銷售量是三千本到一萬本，那我們會把最低的三千本再打個七折，以二千一百本做平損的試算，把此書所需的所有人力、成本、費用，全都攤到這二千一百本中，看看能不能過平損點，如果能過平損點，就代表此書應不至於賠錢，可以出版。

這就是設想最壞狀況，再買保險的做法。最壞狀況是預估最低銷量的三千本，而買保險就是把最低銷量再打折扣，前述狀況是打七折，打七折的銷量，應是更有把握出現的狀況，如果打七折的銷量都能過平損，那此書失手的可能性極低。

我們就是秉此「設想最壞，再買保險」的原則經營出版，務期絕不出版沒有把握的書，這讓我們做到失手率極低，確保賺錢的狀況。

「設想最壞，再買保險」也是我一生為人處世的基本原則，在決定做任何事之前，我一定會做一次徹底推演，仔細設想各種可能狀況，其中尤其要設想可能的最壞狀況，然後再為最壞的狀況買一個保險，以確保最壞狀況不致出現，或者最壞狀況就算出現，我也還能應付，不致手足無措。

要做到「設想最壞，再買保險」，以期不失手的狀況，有一個關鍵，就是在預估時，絕不可以樂觀推估，我通常是用持平的態度與悲觀的態度，做兩種預估，再取這兩者的中間值，這就是持平偏悲觀的中間值，當預估值越低，未來失手的可能性也就越低。

人生行船走馬三分險，很少事情沒有風險，甚至風險越高，所得的報償也越大。人生一定程度是要冒險的，可是在冒險中，也要知道害怕，要設法控管風險，而「設想最壞，再買保險」，就是最佳的自保之道。

後記：

❶為最壞狀況預買保險，這當然是最理想的安排，可是卻經常遇到：最壞狀況想清楚了，卻沒能力預作安排，也就是買不了保險，那該怎麼辦？

❷把後果想清楚，也是一種安排，至少已經知道必死無疑，已有準備，心中也坦然一些，從容一些，可以優雅地赴死！

❸在能力所及時，一定要為最壞狀況預買保險，才是自保之道。

第二部

能力的九大修煉

心性是修心，讓自己有信仰，有正確的人生態度，可以決定一個人的格局、氣度、視野。而能力是修身，讓自己會做事、能做事，可以成就不凡的事業。

所有的能力都是學出來的，都是需要長期的積累，持續的練習，持之以恆的學習，從生疏到熟練，到精益求精，到職業水準的最高境界。

能力養成的過程，就是要克服人與生俱來的惰性，人性好逸惡勞，喜新厭舊，不耐煩做同樣的事，而能力沒有一學就會，總要歷經摸索、生疏、煎熬，才有機會學會，惰性會讓我們停止學習，退出學習，讓能力留白。

能力養成沒有捷徑：練習、練習、再練習，十年才能磨一劍。

每一種能力都是一種方法，每一種方法都各自針對某一種情境、某一種事物，可以有效地克服困難，完成工作。能力就是一把鑰匙，可以打開困難與任務之門。

所有的能力，都要修煉成每個人的人格特質，都要轉化成每個人的習慣，都要內化成每個人的基因，在工作與生活之中，隨時可以很自然地展現，變成直覺的反應。

這九大能力中，有許多是一般的能力，隨時隨地都可運用。如追根究柢、分析思考、手腳俐落、守時精準。

做任何事都要追根究柢，且經過分析思考，執行時要快速、手腳俐落，而且要精準守時完成任務。

也有一些是特定能力，針對某些特殊情境才會用得著。例如：會做生意、解決問題。

人生是無所不在的銷售過程，隨時要販賣自己，讓別人接受你，也要販賣產品，這是資本主義社會最核心的本質，每個人都必須會做生意。遇到問題要能解決問題，因為問題隨時都在發生，能解決問題的人才是有價值的人。

還有一種能力是對一個人的描述：精通專長與數字敏感。人必須擁有一種以上的專長，也必須對數字敏感。專長是我們交換所得必備的能力。對數字敏感是我們衡量世界的方法，這是一種人格特質。

最後，喜歡讀書、終身學習，是我們能成長進步的根源，會不斷強化我們所有的能力，是能力進步的根基。

第十項修煉

追根究柢

要成就財富自由，人生快意，就必須擁有超強的能力，並能有效解決問題，這兩者都必須培養追根究柢的能力。因為追根究柢，才能把能力學到極致；因為追根究柢，才能找出問題的根源，並找到解決問題的方法。

追根究柢是一種態度：做事，要用最高的標準，追根究柢，把事情做到極致；學知識，不滿足於粗淺的理解，要追根究柢，學會最深奧的境界；學技藝，要不斷磨練，精益求精，追根究柢，以達最高水準；解決問題，要追根究柢，找到問題的根源，徹底解決。

追根究柢也是一種方法，要不滿足，窮究最高的境界，要會問為什麼，要會拆解問題；要不斷練習，務必能用最快的方法，達成最高的品質，先求量，再求質；也要不斷尋訪名師，學會最深奧的知識。

追根究柢是永無止境的追逐，要好還要更好，精還要更精。

10-1 追根究柢的人

追根究柢是一種思考方法，也是一種工作方式，用來尋找事實真相，也用來深究工作奧祕，更是每個人探索人生的方式。

每一件事情的背後，都有其發生的近因與遠因，如果不追根究柢，無法知道事實的真相。

做每一件事，也都可以有不同層次的結果，如果不追根究柢，不可能知道極致的成果會是什麼樣貌。

追根究柢是人生萬用的工作方法。

數十年前，我剛入新聞界不久，有一次台塑集團的創辦人王永慶請記者們吃飯，酒酣耳熱之際，我隨口問了一句話：為什麼能把台塑經營得這麼好呢？

「台塑經營就只有四個字：追根究柢。」這是我第一次接觸追根究柢，完全無法理解王永慶的意思！

「我們做任何事都追根究柢。要生產，追根究柢；開工廠，追根究柢；省成本，追根究柢；談採購，追根究柢；做管理，追根究柢。只要追根究柢，把所有根源都弄明白，我們就會找到最有效率、最好的方法去做！」

王永慶那天興致很好，還說了他們如何降低成本的經驗，先展開所有原料，一項項比較來源價格，再一項項尋找可能的替代品，務求得到最低的成本，並直接追溯到最上游的供應商。

王永慶的這一席話，讓我這個對企業經營毫無了解的人，開了一線頓悟的曙光，雖然還只是模模糊糊的理解。

可是接下來的新聞採訪工作，讓我逐漸體會追根究柢的力量。

剛開始採訪時，我總是聽到什麼、看到什麼，就寫什麼，純粹是表象的報導，可是看到競爭媒體對手的老記者，都能寫出極精彩的報導，我開始研究他們的方法，他們往往能看到新聞背後的問題，他們有更深入的來龍去脈，有更深刻的分析，他們不只問表象，更深入追查隱藏在背後的現象。

我開始不滿足於表象，更深入地追蹤問題，越追蹤、越深入、問題越複雜，我的報導也越精彩。有一天我忽然頓悟，原來這就是追根究柢，我開始了解王永慶所說的追根究柢的方法。

從此以後，做任何事，我都嘗試追根究柢，把追根究柢用在生活及工作的每一個領域。

做新聞採訪，我會追根究柢地問問題，不接受簡單直覺的答案，往往從一個問題延伸出許多問題，往往要追問到受訪對象感到不愉快為止，就算不愉快，我仍然要拐彎抹角地追究，不輕易放棄。

我學習新事物，也會追根究柢地尋找最高標準，務期理解透徹，學到最好為止。遇到迷惑無知的事，更會發揮追根究柢的精神，透過看書、查資料、問專家，務必把這件事弄通、弄懂。

而在創業的過程中，我不會經營公司，不會領導，不會管理，不懂財務，不知如何行銷，但這些都難不倒我，因為只要我會追根究柢，就可以把不會變成會。當然這需要時間，而且學會的過程也會歷經嘗試錯誤，要從錯誤中一步步學會。

追根究柢是把工作做到極致的方法，如果我們只滿足於一般水準，就不會再接再厲、追根究柢。我們永遠要相信，好還要更好；永遠要認知，一山還有一山高，我們才會持續追根究柢，追逐完美。

後記：

❶問題背後永遠還有問題，端看我們追尋真相的態度，如果我們不求甚解，就只會得到表面的答案。

❷用在學習上的追根究柢，就是不滿於現有的成就，不斷追逐更高的境界，最終我們會發覺永遠都可以更進步。

❸用在新聞採訪上的追根究柢，使我常挖掘出令人意外的事實，成為最好的報導。

❹在探索問題上，追根究柢就是不斷展開問題。

10-2 不斷地問為什麼

要做到追根究柢，最簡單有效的方法，就是不斷地問為什麼。不要滿足於簡單的答案，繼續從答案中找問題，持續追問，必須要能刻畫出事實的全貌，並得到令我們滿意的境界為止。

問為什麼只是問話的原型，還可變化為：還能做什麼？還有什麼需求？對什麼還不滿意？更高的標準是什麼？還可能發生什麼事？真相只有這樣嗎？各種問題可以隨主題千變萬化，自由發揮。

一個年輕人來請教生涯抉擇：

「我想辭職換個工作。」

「為什麼想辭職？」

「因為我的主管非常不講理，常有過度的要求，讓我無所適從。」

「這些要求都很不合理嗎？以至於你完全不能忍受嗎？」

「他常常朝令夕改，有時候會臨時提高目標，讓大家不知所措。我不知道該怎樣和這樣的主管一起做事，所以想換個工作。」

「除此之外，這家公司還有很多事，也讓你無法忍受嗎？」

「公司的制度還好，待遇也還可以，公司沒什麼讓我不能忍受的事。」

「與其他同事相處得還好嗎？」

「同事之間相處得還不錯，也有幾個好朋友。」

「這個工作是你喜歡的工作嗎？工作未來的前景如何？能學到東西嗎？」

「我是喜歡這個工作，未來也有發展，這個工作能接觸許多新事物，也能學到不少東西。」

「所以要辭職，完全是因為遇到一個壞主管，而為了壞主管，你要放棄一個還不錯的公司，放棄一個喜歡的工作，值得嗎？」

「……」

這位年輕人最後是否辭職，我沒追問，但我只是提出一連串的問題，協助他仔細檢視抉擇是否正確，這是我的工作習慣，在每一次下結論時，我一定會問一連串的為什麼。我不會接受一個簡單直覺的答案，因為每個問題背後都有無數問題，我們必須追根究柢地不斷問為什麼，才有可能找到真正的答案。

我們面對問題時，經常會直覺地做出結論，快速浮現一個簡單的答案，就像這位年輕人一樣，遇到一個不講理的主管，就直接跳出一個辭職的決定，可是這個決定是正確的嗎？經過一連串問為什麼的過程，就會逐漸釐清。

立即出現一個直覺簡單的答案並無可厚非，因為這是大多數人的習慣，可是我們一定不可以立即接受直覺簡單的答案，還要經過嚴謹的邏輯檢視。

不斷地問為什麼，是每一個人非常重要的自我訓練，在每一次問為什麼時，一定要有答案，如果回答不出來，就表示這個結論沒有清楚的邏輯基礎，是不可信的答案。其次當有答案時，也要仔細檢查原因與答案是否具有清晰的邏輯關係，如果邏輯推演關係不明確，那這個答案也不可信。

在問為什麼時，也要環繞結果來問：例如辭職的充分理由不只是主管，還包括公司、工作本身的合適與否，這些都要一併追問，才能看到問題的全貌。

大多數的問題，都隱含著環環相扣的各種層面，絕對不只表象所看到的模樣，不斷追問為什麼，讓我們可以抽絲剝繭，找到問題背後的癥結，也才能針對真正的原因下手解決。避免因為直覺而簡單的結論，而做出錯誤的判斷。

後記：

❶不斷地問為什麼，是一種習慣，需要透過練習才能學會。我剛開始學習時，都要強迫自己問三次以上的為什麼，一定要找到問題問，日子久了，就能變成習慣。

❷問問題時，必須環繞事情的主線提問，不可問些不相干的，而每個問題與解答，都要有助於釐清主題。

❸不要滿足於簡單的答案，持續問問題，這是追根究柢的基本態度。

10-3 表象解與根本解

每一件事都有表象，就是外表呈現出來的樣子。

每一件事也都有根本，就是在表象之後，隱藏在暗處，外表看不見的真相。

而從表象到根本之間，說不定包覆了許多層次，我們需要一層層剝開，才能找到最後的真相。

每個問題背後都還有問題，要問到第幾層才會找到答案，誰也不知道。

從表象下手解答，是表象解，只能治標。

從根本下手解答，是根本解，才能徹底治本。

一位年輕人問我，要如何找到好工作，他已經換了好幾個，不是發覺沒興趣，就是太辛苦、工時太長，再不然就是主管太嚴厲，他無法適應。我問他有想做什麼工作嗎？他說他也沒有明確的方向，總之只要待遇可以，不要太辛苦，不要影響到他的生活品質就行了！

我聽了他的劇情，發覺他一直在找工作的「表象解」層面打轉，找不到合適的，所以他一直換工作，可是換來換去，卻始終找不到喜歡的，因此就不斷的重複繼續找，仍然不可得。

可是如果一直找不到正確的解答，那就應該換個角度想，是不是還有其他原因，導致找不到好工作呢？可能還有其他原因，才是他找不到好工作的凶手。

我告訴他，是不是你設定的好工作條件太高了？現在職場上工作辛苦、時間長、主管要求高、嚴厲……舉世皆然，而這些卻都是你不能接受的，但你又想維持好的生活品質，又不想太勞累，如何能找到這樣的工作呢？再者，你又沒有很獨特的專長，公司也沒有非你不可的必要，那為什麼一定要聘用你呢？

所以真正的原因是這位年輕人設定的好工作原則不對，自己的工作態度也不對，甚至缺乏找工作所需要的核心能力。他要找到好工作的「根本解」，就是要調整自己的工作態度與強化工作能力。

當我們遇到任何問題時，解決的方法總可以分為「表象解」與「根本解」。表象解是就問題的發生，直接採取必要的解決方案；而根本解則是徹底分析問題發生的原因，經過追根究柢的解析之後，找到最裡層、最基本的原因，從這個最深刻的原因下手解決，這就是「根本解」。

表象解治標，根本解治本。

許多問題經過表象解之後，問題暫時消除了，可是一段時間之後，問題卻又重複發生，甚至還會一次比一次嚴重，最後終至無法解決。

根本解才是解決問題的方法，我們一定要找到問題最根本的原因，對症下藥，才能徹底解決。

而為何多數人只重表象解而忽視根本解呢？原因在於真正的關鍵隱藏在層層問題的背後，我們一定要有足夠的耐性與分析問題的能力，才能抽絲剝繭，要像剝洋蔥一樣，剝去一層層的包覆，找到核心問題。

可是有時候找到核心問題，卻往往發現根本解並不立即存在，或者根本解要慢慢來，不可能有速效，這時短期治標的表象解也必須並用，才能解決。

解決問題，要同時看表象解，更要學會根本解，才能標本兼治。

後記：

❶做事一定要尋求根本解，才能真正解決問題。

❷要找到根本解，就要先不斷地問問題，要找到問題背後的問題。

❸要徹底了解表象與根本之後，才能提出正確的解決方案，有時可以直搗黃龍，直接徹底從根本解決，有時可以分階段，先治標、先從表象解，再治本，一步一步來。

第十一項修煉

精通專長

每一個人都扮演一個核心角色，用這個角色提供服務，展現價值，獲取存活的回饋。

每一個角色，都是一項專長，每一個人都必須學會專長，才能在社會中立足，而專長必須精通，務期成為所有人中做得最好的，才能獲得最高的回報。所以每一個人必須修煉一種或多種專長，成為精通專長的人。

要精通專長，可以學中學，透過定向的學習，或受教於學校、老師，或受教於書本。也可以在做中學，長期執行某項工作，日久就學會。可是，不論學或做，都必須發揮追根究柢的精神，以達成專長的最高境界。

專長要精通，通常要歷經兩個門檻：其一是不斷地反覆練習，先求量的增加，再透過量達到提升品質的目的。其二是要以職業水準自居，不只是會，而且是最高的標準。

專長也可以不只一項，如果能多培養幾項，個人的成就會更不一樣。

11-1 精通專長的人

人總是在社會中扮演一種角色，用這種角色提供服務，也換取所得，進而贏得認同與尊敬，並以此過一生。

而要扮演角色，就必須擁有專長，每一種角色都有其核心專長，因此每一個人都必須擁有至少一項專長，才能獲得角色扮演。

專長深淺有別，從初階的入門水準，到中階、進階水準，一直到最極致的最高水準，不同程度的專長，價值不同，職位不同，所得不同，被重視與尊敬的程度也不同，因此專長必須精通，必須是最拿手的絕活，在社會中捨我其誰，無可取代，才能完成最高的自我實現。

有一天，家裡的馬桶壞了，管道堵住了，水開始逆流，滿到整個浴室都是髒水，我急忙找了一個專門通馬桶的人來修，他帶了很長的鋼線，先從浴室的排水口開始通，花了一、兩個小時，始終通不了，他告訴我，必須要把整個馬桶拆起來，從馬桶的出水口通，才有可能處理好，但是這樣他的要價就更高了，約需要三萬元，問我願意嗎？

這時已經接近半夜十二點，我心想一定要在今天修好，否則明天又要臭一天，就答應了，最後終於在半夜兩點修好。

在這幾個小時中，我一直在旁邊觀察，也一直與他聊天。我發覺這是個有趣的行業，永遠有需求，有需求時又必須立即修好，而其收費又甚為可觀，所有的人又都不能不花，因此他的收入是高的，通常每個月都會有六位數以上。可是他告訴我，生意不缺，只是做不大，因為永遠找不到工人，年輕人也不願意學，嫌棄這是一個不光彩的行業。

聽到這，我就十分感慨。台灣年輕人老是抱怨薪水低，只有二十二K，可是卻有月入六位數以上的行業永遠在缺人，這個社會到底發生了什麼事？

其實人生想安身立命並不難，只要擁有一項專長，把這項專長做好、做透，都可以有不錯的收入。

我常遇到年輕人問我關於生涯規畫的問題：要做什麼事，要找什麼工作，人生才會圓滿。

我總是回問他們：你的專長是什麼？你會做什麼事？可是大多數年輕人都回答不出來，他們大都是按部就班地讀書、畢業、找工作，一直要到找工作的階段，才開始想要做什麼，他們通常一項專長都沒有！

這是人生最大的悲劇，當我們沒有任何專長，當我們做什麼都可以，也做什麼都不行，就代表我們沒有競爭力。

專長可以非常多元，像是擁有一項技能，例如案例中的通馬桶工人；可以是一種專業知識，例如：財務、貿易、金融、管理……問題是這種專長不能只是學校畢業而已，一定要在就學期間，把書讀通、讀透，擁有非常好的學業成績，才會被認同。

專長也可以是一種能力，如中文、英文等語言能力，我的一生都靠我不錯的中文能力工作，一輩子採訪、寫作、煮字療飢！

專長要靠積累，第一個工作往往靠的是機緣，可是只要做下去，就會有經驗，做越久，經驗越深入。為什麼許多人一輩子只在一個行業中轉換？因為從工作中得到了對這個行業的理解，充分明白行業的奧祕及潛規則，這也是一種專業。

專長一定要求其深，求其精，許多人窮其一生只鑽研一種專長，最後變成理解最深的人，這種人通常擁有最大的成就，也可能擁有傲人的財富。

人生不要問想做什麼，要問的是，我們會什麼，我們的專長是什麼。

後記：

❶專長無貴賤之分，只有個人適才適所的能力選擇，每個行業都是社會中必需的，也都有其價值。

❷養成專長要定向學習，要透過實作逐漸學會，還要經過長期練習，才能專精。

❸有一萬小時的練習，才能培養出專長之說，雖未必是一萬小時，但要長期、持續練習，不斷磨練，卻是不假。

❹中國人輕忽職業技能，缺乏工匠精神，導致社會發展不均，未來應加以改正。

11-2 專長如何養成：先有量，再有質

專長的養成，如何才能到達最高境界？

專長不可能憑空達到最高水平，一定是透過不斷練習，不斷累積，才逐步學會。所以「先有量」，透過不斷地學，不斷地做，然後「再求質」，才能做到最好。

專長的養成沒有捷徑，沒有聰明的方法，只能天天學、時時學，日久成精。

從很年輕時，我就陷入「質」與「量」的爭議中：寫文章，是要先磨練文筆，透過寫很多文章，然後才能變成寫文章的高手？還是仔細思考、審慎研究、精雕細琢直接寫成一篇好文章？

要有好的創意，是要從發想出很多創意開始，去蕪存菁，經過不斷地淘汰，然後得到好的創意？還是反覆琢磨，深度思考，一次就想出好的創意？

這兩種方法似乎都可行，講究質的人，不輕易出手，一定要經過深思熟慮，務期

每一次都會有最好的結果，而且期待每一次都能帶來最佳成效。

而講究量的人，則相信不經過反覆練習，不可能做出好成果。因此要不斷地做、重複地做，做多了自然會找到最佳方法，而且從每一次重複做的過程，可以找到每一次的差異性，從而得到最正確的標準工作方法、找到好品質的解決方案。

經過這許多年的嘗試之後，我很確定在職場中，要得到好的結果，唯一的方法是「先有量、再有質」，要經過不斷反覆練習，最後才能找到最佳方法。

不經過量，想直接找到質，這其實是在尋找一次就成功的聰明方法。問題是，聰明的方法可遇不可求，有時候我們運氣好，很容易就找到聰明的方法。可是就算一次便找到聰明的方法，做對了事，也很可能只知其然而不知其所以然，我們不見得每次都能複製這種對的經驗。

至於相信從量中會找到質的邏輯，則是先承認自己的無知，我們不知道怎麼做、不知道什麼是對的方法，唯一理解的是要不斷去嘗試，從不斷的試做中，慢慢找到對的方法，然後才能有效地做好事。

不斷地反覆做、先求量，還有一個好處是熟練度。當我們第一次做對事時，我們可能在嘗試錯誤中，相對花的時間、精力、成本都比較高，可是經過反覆做，不斷地重複做，透過學習曲線，每一次的質都會提升、每一次的成本都會降低。

現在我已經完全不相信工作中有聰明的方法，也不相信可以不透過量就做出質的方法。

我唯一相信的方法是不斷地做、努力地做，一旦做多了，就能找到正確的方法。找到正確的方法後，仍要繼續做、繼續練習，如此一來，就會得到最有效率的結果。

後記：

❶許多年輕人只羨慕別人擁有的專長，卻不願下死工夫，努力學習，所以永遠學不會。

❷「台上五分鐘，台下十年功」，這是不變的法則。

❸知識的累積也是靠量的堆積。我做出版，深知出過一萬種書就有一萬種的經驗，出書量少的絕對比不上。

11-3 我是職業選手，企求完全比賽

所有的運動賽事，分職業與業餘，業餘者只求會玩不求精，但職業選手則講求最高境界，不論在態度、技術、體能的鍛鍊上，都有最高的要求。專長的培養也有職業、業餘之別，會做只是業餘，要做到最佳、最好、無懈可擊，那才是職業水平。

一個知名的企業管理名師，成為我們公司的作者，把他的授課主題轉化為書的內容，臨出書前，我和他聊起授課的經驗。

「我是一個職業選手，教的每一堂課，我都企求『完全比賽』，所謂『完全比賽』，指的是課後的學員對講師的評鑑，要達到每一個學員都是百分之百的滿分，今年我已經達到了兩次，而大多數的場次都是僅有少數一、兩位學員沒有給到十分的滿分。」

說到「完全比賽」，他的眼中閃耀著光芒，他真的用一生的付出，在追逐完美。無怪乎他每年所開的公開課程，場場都是「秒殺」，瞬間額滿。而企業的講座，也要等待半年以上，他是台灣企業界大家仰望的講師。

他的成果引起我的好奇，為什麼能達到這種境界？

「我是一個非常非常『機車』的人，我追求任何細節的絕對完美，這麼多年來，我只講一門課，每次上完課，我都會進行檢討，先從授課內容開始，不斷更新，精益求精，每一個方法、每一個案例、每一次的現場演練，我都會根據學員的反應，進行檢討改進。也因為只講一門課，讓我能專精、熟練，也追逐完美。」

他的說法，驗證了世間所有成功的道理：聚焦、專一、全力以赴、精益求精，極致的自我要求。

他接著描述他的「機車」：

每一場講座，他都要提早到現場和承辦講座的人員一起檢查每一個細節，燈光、音效、投影器、PPT簡報檔案。還要視場地的格局決定授課時的最佳位置。

所使用的簡報筆，也是試用了市場上各種廠牌後，選擇最好的使用，而且為了避免意外，身上隨時準備另一支備用。

尤有甚者，他現在甚至會分析，每天穿什麼衣服、打什麼領帶、戴什麼眼鏡，對當天的授課成果會有什麼影響，每天都要針對當天的評鑑結果檢討所有可能的影響因素，並加以改進。

「我的穿著永遠要比聽講者莊重一級，大都是正式西裝，但是到了科技廠商，如果他們都是休閒打扮，我也會把上衣換成POLO衫，因為要配合現場的氛圍。」

聽完他的一席話，我終於知道什麼叫作「職業選手」，職業選手就是不斷地追逐不可思議的極致，每一道過程、每一個細節、每一次結果，都要達到百分之百的完美，而每一次的完美仍然不夠，下一次還要更加進步，要強迫自己向上提升。

職業選手比專業選手還要高一級，尤其是在心態上，專業選手只要比一般人更好，而職業選手還要追逐不可思議的極致，而每一次都要比上一次更進步。職業選手，完全比賽，我受教了！

後記：

❶專長的養成，就是要以職業水準自居。職業水準有各式各樣的檢查標準，我們最好為自己訂出職業水準的KPI，隨時自我檢查，隨時修正。

❷業餘常犯錯，職業選手偶爾犯錯，而且絕不犯同樣的錯。

❸職業選手每天練習，業餘選手偶爾練習。

第十二項修煉

會做生意

資本主義社會一切都與交易有關，能做到生意、會做生意，是企業存活的基本條件，而會做生意的人是企業最寶貴的資產，擁有做生意的能力，一生吃喝不盡，所以想要得到財富自由、人生快意，就必須成為會做生意的人。

會做生意指的是能把產品或服務賣掉，這種能力包括幾個要件：一、對自己所賣的產品有信心，敢大聲宣傳；二、知道客戶的需求，知道客戶要什麼；三、能找到客戶需求與自己所販賣商品之間的連結關係；四、具有溝通及說服的能力，能觸發客戶的購買意願並進一步成交。

要學會做生意，最簡單的方法，是人生的第一個工作就從業務開始，直接投入商品的販賣，透過實際的業務工作，讓自己直接接觸交易，並進一步學會交易。

會做生意還有另一個要件，就是敢開高價。低價販賣，人人可為，可是高價就難。真正會做生意的人，是能開高價、賣高價的人。

12-1 會做生意的人

世界上大多數人不會做生意，只有少數人會做生意，可是二〇%會做生意的人，掌握了八〇%的財富，會做生意的能力，是每一個人實現財富自主及自由的方式。

會做生意的能力包括：生意心態、生意的敏感度、生意的技巧等，只要有心學習，直接下海做生意，都可以慢慢學會。

一個獨立營運的單位，長期耕耘一個市場，累積了很多可以重複使用的內容，也建立了相當好的市場地位，但因主管本身的信心不足，僅能把一身本事，對同事提供服務，不敢推出產品直接面對市場，以至於長期僅能在虧損與平損邊緣打轉，為了改變這種狀況，我決定把這個單位與一個營運良好的單位合併，看能產生什麼樣的變化。

合併一年之後，這個單位立即變成賺錢的單位，主要的原因在於他們雖然持續做過去的生意，可是他們也掌握了一次機會，做到了一筆大生意。

有人看上了他們所擁有的內容資料庫，想使用內容資料庫，這位營運良好單位的主管很大膽地獅子大開口，開了一個很高的價錢，經過不斷地溝通協商之後，以開價的七折成交，雖然只有七折，但還是一個過去從來不敢想像的金額，也讓這個虧損單位轉虧為盈。

在這件事情上，我看到了組織中「會做生意的人」的重要，會做生意的人是組織中的稀有人才，會做生意的人更是組織中最值得培養的核心團隊。

這個營運良好的單位主管是一個十分會做生意的人，給他四兩染料，他就可以開染坊，對公司的產品極有信心，也很能掌握客戶的需要，能把公司的產品用最高的價錢賣出去，這是他的單位營運良好的原因。

會做生意是每個成功者必備的核心能力，大多數人有的是工作能力，會做事，會完成任務，但通常不會做生意，會做生意半由天生、半由後天培養，每一個工作者都應嘗試學會做生意。

學會做生意的第一步，就是要有客戶意識，每個人的工作都在服務別人，不論是真正對外做生意，還是提供內部服務，都要心中有客戶，要讓客戶滿意。

第二步是要對自己的產品或服務有信心，面對客戶時要能把自己的產品價值陳述到淋漓盡致，引起客戶的興趣。

第三步要了解客戶的需求：要能夠仔細分析客戶心中真正要什麼，我們的產品能滿足客戶什麼樣的需求，他們對滿足此一需求的急迫性有多高，他們願意花多少錢來購買，最後還要理解，客戶可能的預算有多少。

有了以上的理解，就進入實際談判的階段，學會做生意關鍵的第四步，就是要大膽開高價，因為第一次的開價，就已經錨定了未來的成交價，成交價只會更低。因此價格開低了就無可挽回，也代表了對自己產品的信心不足。

開完價之後就進入複雜的議價溝通流程，可以透過不斷地實務演練精進。

總之，每個人都要問自己是不是會做生意的人，並嘗試學習，這是成功之道。

後記：

❶不會做生意，賤賣好商品；會做生意，高價成交便宜貨。

❷每個人都應下決心，學會做生意。

❸人生做第一筆生意最困難，可是只要跨出第一步，以後就越來越容易。

12-2 人生第一個工作，從業務開始！

人生無處不銷售——應徵工作，是要把自己賣給公司；找個人結婚，也是要把自己賣給另一半，讓對方接受我們。所以不論是否從事銷售工作，還是要學會銷售技巧。

我的人生第一個工作，就是從銷售開始，我做了半年的銷售工作，看盡了人生百態，也看到超級銷售員如何賣東西，這開啟了我一生的銷售生涯。

我人生的第一個工作是「賣保險」，雖然只做了八個月，但是這個經歷影響我一輩子，讓我一生受用無窮。

在那八個月裡，我看到傑出業務員如何化不可能為可能；也看到他們在遭遇挫折時，如何自我調適、止痛療傷；更看到他們完成傲人的業績，領到令人歆羨的收入，如何豪宅華車，享受人生。

從此，我確定銷售是人生最重要的能力，也是每一個成功者不可或缺的本事。如果有機會讓業務成為第一份工作，這是職涯最好的起步。

曾經有一個晚輩來找我，希望我給他一些生涯建言。我看他的學歷，並不是好的大學，就問他有好好念書嗎？有特殊專長嗎？他說都沒有。我觀察他應對還算靈巧，就告訴他，「你一無是處，唯有年輕，要找到好工作很難，就找個有前景的行業，從業務工作開始吧！」

我跟他說，網路不是明星行業，業務又是大多數年輕人畏懼的工作，只要他下決心，這樣的工作並不難找。於是，他照著我的話，找到一間網路公司的業務工作。

他從打雜做起，無所不學，半年之後，成果逐漸顯現。一年後，他來看我，告訴我他已經領到幾十萬的薪水獎金，比他所有的同學都好；兩年後，他年薪超過百萬。重點是，他在網路公司學到了許多新東西，對未來充滿信心，也很謝謝我的提醒。

這是人生第一個工作從業務開始的最佳案例。

其實，業務與銷售是每個人必須學會的能力，因為人生無處不銷售。

像是去應徵工作，就是銷售自己，把最好的一面呈現出來，講究應對進退，懂得從對方角度，設想對方的需求，把自己包裝成適合對方的產品，這些都是最基本的業務與銷售技巧。

此外，當我們需要請求支援時，我們也要獲得對方的認同，讓他們相信協助我們是對的，對他們也是有利的，對方才會願意配合我們做事。這也是在銷售我們的工作和想法，一種需要溝通、說服的銷售過程。所以，就算我們擁有一份看來和業務、銷售完全無關的差事，可是在每天日常的工作中，我們永遠需要學會銷售技巧。

更何況現代資本主義社會的本質是完成交易，會業務的人將永遠是市場的贏家，因為要成交，就需要靠業務技巧與業務思考。

因此，不論我們這一生想從事什麼樣的工作，我永遠相信，第一個工作從業務開始，將是最好的訓練。當我們了解銷售的本質，擁有銷售的基本技巧，認同銷售是一件高尚的工作，做任何事都會水到渠成。

後記：

❶ 要學會銷售，首先要克服的是心態，大多數人認為銷售是困難而難為情的事，要改變此一心態，才能從事銷售工作。

❷跨入社會的第一步，通常充滿好奇與熱情，最適合投入銷售工作。

❸銷售並不需要伶牙俐齒，也不需要個性外向，銷售技巧可以學習，任何人只要有心，都可以從事銷售工作。

12-3 每個人都要學會賣掉自己

每個人都要賣掉自己！
找工作是把自己賣給聘僱自己的公司。
交朋友是把自己推銷給別人，讓他人願意與己為友。
結婚，是把自己賣給另一半，讓他（她）願意與自己終身相處。
與人合作時，是把自己所做的事，讓對方接受，願意一起工作。
提案時，是把自己的意見推銷給對方。
不管我們是不是從事銷售工作，誰都離不開銷售。

一個年輕人問我，在畢業求職過程中，遇到了許多銷售的工作機會，但因他非常排斥銷售，因此一直找不到合適的工作，問我該怎麼辦？

這是我最常遇到的詢問之一，似乎許多年輕人都很怕銷售工作，感覺上銷售是辛苦的、困難的，事實真是如此嗎？

我回答這位年輕人，你可以不從事銷售工作，但你一定要學會把自己賣掉，人的一生永遠都在不斷地出賣自己！

當我們去找工作時，我們就要很努力地展現能力，彰顯自己的人格特質，希望得到慧眼相看，好得到一個工作，這就是把自己出賣給公司。

當我們想交男女朋友，我們就要表現出個性隨和、很好相處的樣子，這樣我們才交得到朋友，別人才願意接納我們，這也就是把自己賣給朋友。

當我們遇到一個不錯的對象，考慮要以結婚為前提交往時，男的就要有能幹的特質，值得女方信賴，還要展現出溫柔體貼的樣子，願意為女方做一切的事；女的則要努力打扮，吸引男方的注意，個性更要溫柔婉約，讓男方放心娶回家。一個成功的婚姻，一定是兩人都接受對方，也就是都成功地賣給對方。

如果一個人想成功，獲得貴人提攜是非常重要的關鍵。而要能吸引貴人，必須要讓貴人注意你、欣賞你、接受你，這整個過程也是把自己賣給貴人的概念，必須迎合貴人的期待，讓對方願意給你機會。

而如果一個人想在職場上一展長才，這則是把自己的能力、想法、作為賣給組織的過程，必須要適當地表現自己，陳述自己的理念、想法，讓組織接受你，願意給你舞台，這也是出賣自己的能力、理念。

人生無處不銷售，我們可以不從事銷售工作，但每個人還是得要學會銷售，要了解銷售，至少要能把自己賣掉，賣給組織、賣給社會，讓外界接受我們，才能在社會立足。

而要賣掉自己，最重要的就是要把握「修飾自己、迎合別人」的原則。

要把自己賣給別人，就得迎合別人的需求，要知道別人需要什麼；然後設法修飾自己，讓自己吻合別人需求的能力與條件。因此要成功賣出自己，就是要先確定別人的需求，改變自己的能力與特質，去迎合別人的需要。

許多人以為只要不從事銷售工作，就可一輩子遠離銷售，這是徹底的錯誤。而更大的錯誤是一輩子固執地做自己，不願意改變、修飾自己，也不願迎合別人，認為迎合人就是扭曲自己，做了類似逢迎拍馬的事。

這樣的人在社會中永遠無法和諧地立足，也無法找到自己的位置，因為他們永遠不知道社會需要什麼，也永遠無法讓自己被社會需要，不能成功地把自己賣給社會，賣給別人。

後記：

❶銷售就是美化自己的優點，讓對方接受。

❷銷售就是把自己的專長與對方的需求結合，如果找到交集，就有可能成交。

❸銷售就是隱藏自己的缺點，或者淡化缺點，讓對方忽略不察。

❹銷售就是勉強對方接受，買東西不可能百分之百滿意，不滿意如能勉強接受，就會成交，所以勉強的能力就是銷售的能力。

❺勉強有理性說服、有感性溝通、有渲染、有情境挪移、有壓力、有逼迫、有懇求、有拜託……

12-4 有信心敢開高價

會做生意的人，不只能把產品賣掉，還要能賣出好價錢，因為沒有賣不掉的東西，只有賣不掉的價格，能用高價賣出商品，這才是真本事。

價錢開高了，只要降價，就可以把東西賣掉；可是價錢開低了，幾乎不可能提高價格。對客戶而言，願意低價買到高價品，但絕對不願意接受漲價。

我帶過的一個年輕人，後來遠嫁大陸，閒來無事，就把父親教她的蠟染畫，再拿出來練習。有一次我去看她，她把她父親留下來的畫拿給我看，同時也出示了她的畫。她父親的畫作確實好，而她的習作，也已有幾分神似，我不禁稱讚了兩句。

沒想到她說：前一陣子，一個北京的名家看了她的畫作，大為讚賞，建議她可以販賣了，並且說她的畫一幅至少值人民幣五萬元。

我心想，這也太誇張了吧！可是嘴上不好正面否定，只能不置可否！

回台後，我們一直保持聯繫，可是她卻不時告知好消息：一個大老闆買了她兩幅畫，每幅人民幣八萬元，還說要長期蒐藏她的畫；另一個校長也很喜歡她的畫，也高價買了她的畫，還承諾要協助她開畫展。她很謝謝我當年對她的鼓勵，才能持續作畫有成，要請我吃飯謝我。

這個故事對我最大的啟發是：會做生意的人，永遠對自己的產品有信心，敢開高價去行銷產品，最終也能獲得認同。

我回憶這位年輕人與我工作的經驗，她負責招攬廣告，在我們的雜誌還不普遍、廣告很難賣時，她的業績一向很好，她是一個很能做生意的人，只要客戶和她見了面，如果沒有給她生意，就好像對不起她一般，她總有能力讓客戶出高價埋單，而她現在又把能力用在推廣自己的畫作。

想做生意，學會開高價是必備的能力。

談生意為何不敢開高價，通常有幾個盲點：一、對自己的產品沒信心，再加上急著想做成生意；二、對客戶購買商品的過程、順序不了解；三、不懂生意的忌諱。

每個做生意的人對自己的產品一定要有無可救藥的信心，覺得自己的產品是全天下最好的，客戶一定會喜歡，抱持著這樣的信心面對客戶，才能理直氣壯地描述產品的好處，也才能說服客戶。

而開口的定價，要仔細計算生產成本，再加上足夠的利潤，利潤一定要有想像，要大膽地加上去，才能開出一個可以讓自己滿意的定價。

其次，客戶在決定購買商品前，一定要歷經三個程序：一、產品有需要；二、價格合理可接受；三、希望超值，用更低的價格買到，所以一定會嘗試殺價。

開了低價，如果客戶沒需要，也不會成交，因而開低價無助於成交。再加上客戶一定要殺價，開高價可預留降價空間，有助於成交。

至於生意上的大忌是：開價開低了，大錯已成，根本不可能挽回，只能做賠本生意。可是如果開錯了高價，客戶不接受，隨時可以找理由下台階，降價以滿足客戶。

懂了這些做生意的道理，便會明白，大膽開高價才是做生意的訣竅。

後記：

❶賣東西，成功因素在描述商品價值，只要說得出價值，價格就不是問題。

❷客戶看到任何價格，都會就此在心中「定錨」，那個價格會變成購買的最高價，只會向下成交。

❸開價能力充分展現出販賣者的心理素質，信心足夠、銷售能力強的人，才敢開高價。

第十三項修煉

分析思考

人生無處不用到分析思考。

聽到別人說的話，要分辨其真偽。看到報紙上所寫的新聞，要判斷其真相。要去做一件事，要知道如何做，該從哪裡下手。遇到困難的問題，要知道癥結在哪裡，要如何解決。遭遇人生的轉捩點，要決定往哪去，如何抉擇。這些都需要分析思考。

沒有人不會分析思考，但總有人想得深、想得遠、想得透，總能夠見微知著，預為因應，並做出最佳的應變，這就是會分析思考的人。要學會分析思考，就是要讓自己想得深、想得透、想得遠，然後做出最精準的判斷與抉擇。

分析思考的修煉，要從每天遭遇的事情開始，經常帶著批判性的思考，分析每一件事情。不要接受簡單直覺的表象答案，要從正反不同的角度，反覆辯證，以養成分析思考的習慣。

尤其是在處境艱難時，更需要仰賴分析思考，才能撥雲見日。

13-1 會分析思考的人

人不論遇到任何情境，都需要分析思考的能力。生活小事：如要不要去旅行？晚宴要穿什麼衣服？人生大事：如要不要出國留學？要和誰結婚？要不要換工作？國家社會大事：如誰會當選總統？健保費該如何調整？這些都需要分析思考的能力。

面對任何情境，我們都要能理解，能解讀，然後再做出判斷，最後才提出我們的對應決策。而這整個過程都需要培養分析思考的能力。

每個人都要學會分析思考。

數十年的新聞工作訓練，讓我成為一個善於分析思考的人。

新聞工作主要就是要告訴讀者現在社會上正在發生什麼事，這是提供真相。可是除了提供真相之外，還要提出觀點，進一步告訴讀者，新聞背後代表的意義，社會大眾可以如何看待新聞事件，甚至還要透過分析，預判新聞事件將如何發展。要提出準確而且能獲得廣泛認同的觀點，新聞工作者就要具備分析思考的能力，能釐清複雜的新聞事件的表象，探索到問題的核心，追究事件發生的原因，並選擇正確的角度，提出發人深省的觀點，以協助讀者觀察新聞事件。

這就是新聞評論，一篇精彩的評論，必須要做到「見人所未見，言人所未言」，而要做到人所未見、未言，就必須透視新聞事件的每個細節，洞悉其來龍去脈、表象背景、遠因近因，針對新聞事件反覆思考，徹底拆解分析，才能提出評論者的觀點，形成擲地有聲的一家之言。

每當有新聞事件發生時，我首先要從紛雜的新聞訊息中，釐清哪些訊息是真的，再根據這些可信的訊息，去勾勒整個事件的輪廓，然後再去推測事件背後尚未公開的部分，而形成我所認知的整個事件，這是我提出觀點的原始基礎。

接著就要選擇對新聞事件的觀察角度：是從事件當事人本身提出論點，還是從整體社會的角度進行觀察；是從個人權益，還是從公眾利益提出觀察；是從現況提出分析，還是預測事件的未來發展。

決定觀察角度，會延伸出截然不同的說法，也會提出一般社會大眾從新聞表象所看不出來的論點。

而這整個過程，充斥著反覆分析、釐清真相以及邏輯推理、延伸思考。長期的新聞訓練，讓我養成了嚴謹的分析思考習慣，也讓我對任何事都有獨立思考的判斷能力，成為我極為重要的工作技能。

我們在生活工作中，難免遇到陌生、複雜的情境，會讓我們喪失方向感；我們也會陷入疑惑、不知所措的困境，這時候要走出困境、釐清困惑，唯一可以依靠的能力就是分析思考。每個人或多或少都擁有一些分析思考的能力，能夠從一些表象的訊息中，做出簡單的分析判斷，但並非每個人都具有嚴謹的分析思考能力。

要具有嚴謹的分析思考能力，必須長期自我訓練，不斷學習，才能逐漸進化，形成能夠獨立思考的判斷能力。

而嚴謹的分析思考能力，必須具備三大要件：一、釐清問題的真相，這是要確定問題的關鍵；二、嚴謹的邏輯推理能力，能分析延伸問題；三、要能夠提出自己明確的觀點，必要的時候還要能採取果決的對策與行動。

每個人都必須培養嚴謹的分析思考能力，才有機會成為贏家。

後記：

❶分析思考的能力，要靠長期的自我訓練，遇到每件事，都要強行逼迫自己有看法、有答案，而要有看法，就要說得出道理，能講得出為什麼，這就是分析思考的訓練。

❷分析思考與追根究柢密切相關，追根究柢是追逐事實的根源及真相，而分析思考是思考方法，在追根究柢的過程需要用到分析思考。

❸對任何事都要有結論、有看法，在日常生活中，絕對不說都可以、隨便，這代表我們未經思考。

❹得出結論之後，還要說得出道理，而道理也要禁得起邏輯分析，長期這樣自我訓練，分析思考的能力就會增強。

13-2 面對無知困惑時

我們隨時都會面對無知困惑的考驗，而擺脫無知困惑的方法，就是分析思考。有時候，無知是因為訊息不足；也有時候，無知是因為訊息太過紛雜，不知重點何在；再有時候，無知是因為不了解其間的邏輯關係；還有無知，也可能是對未來的目標與方向不明。這時候，都必須用到分析思考。分析思考最大的用途就是排難解惑，找到正確的答案。

大學畢業後，馬上就要去服役兩年，服役前有預官考試，考上了就可以當一年十個月的少尉預官，可是預官要考三民主義、國父思想，我從小反對八股的思想教育，因此決定放棄預官考試，準備入伍當二等兵。

就在考前十天左右，一位學長返校聊天，他剛當了兩年的預官退伍，我們聊到了當預官與當二兵的差別，他告訴我，當二兵有出不完的操，兩年只能隨著軍隊作息，完全沒有個人生活，但當預官就不一樣了，可以有自己的房間、時間，可以看書，做自己想做的事。

聽完他的描述之後，我大為迷惑，到底要不要考預官呢？我迷惘了三天，每天都在想這件事，第三天，下了決心考預官，再花一個禮拜努力準備，考上預官，快樂地度過服役的兩年。

我迷惑的原因是我原已下定決心不考預官，可是當聽到新的訊息後，我要不要改變決定呢？經過仔細思考後，我把這個問題界定在：「未來兩年要如何過？」「怎樣過才是對我人生最有利的選擇？」當我這樣界定問題時，面前的選擇就清楚了，我寧可接受無聊的考試煎熬，也要當預官，為自己爭取可以自主的兩年。

這是一個典型的案例：當我們面臨無知困惑時，如何透過分析思考做出最佳的決定。

我們為什麼會無知迷惑？可能是因為訊息紛雜，可能是目標不明，當然也可能是訊息不足，這些都會產生迷惑。而經過分析思考，可以讓我們遠離無知，找到對應的方式。

分析思考的第一步，是釐清所有已知的訊息，將其按性質歸類，如果訊息不足，則要針對不足，定向蒐集補足。

再將已歸類的訊息，按重要性排序，這可以讓我知道思考的重點何在。

正如我在考預官的命題上，我並沒有認真而徹底地蒐集訊息，把所有可能的情境都列入思考，就逕行下了不考的決定，這完全背離分析思考的邏輯。

分析思考的第二步，是界定命題的範圍、領域，決定問題要處理的目標及方向。

經常我們所面對的問題，不但訊息複雜，涉及範圍廣泛，而且目標多元，我們真正需要解決的問題不明，這些都是讓我們迷惑的原因。

我在考預官時，涉及事前的考試，及預官分發、兵種，最後還包括服役的兩年時間。經過分析思考後，我決定把此一問題界定在「未來服役兩年將如何過」，如何過得最有意義，不要浪費，這是要解決的問題。一旦目標如此設定，無趣的預官考試就不是主要命題了。

要先決定問題處理的目標，再把問題範圍界定清楚，就可以思考如何處理了。

分析思考的第三步，是提出對策及行動步驟。通常訊息足夠了，目標確定了，範圍也清楚了，對策及行動方案就釐清了，我們的無知、困惑也解決了。

後記：

❶分析思考一定要訊息足夠完整，可是完整的訊息一定夾雜許多不直接相關的雜訊，所以在分析思考時，一定要先去除雜訊。

❷留下有用的訊息之後，要再行歸類，然後把歸類之後的訊息，找出其邏輯關係，排出相關順序。

❸接著再重組訊息，變成系統化的推理。

❹最後再做出結論，結論就是面對困惑的答案。

13-3 學會批判性思考

批判性思考是一種嚴謹的思考訓練，許多國家都已將其列入體制內的教育。批判性思考是指用高度質疑的態度，去檢視我們所有的思辨過程，以及所有的想法、判斷、決定，務必讓所有的決策都合乎邏輯，禁得起考驗。

我常覺得社會大眾分辨是非的能力不足。

在肯亞犯詐騙罪的台灣人被遣送到大陸的新聞一見報，網上的言論一面倒地認為，無辜的台灣人受到了不公平的審判，這些人真的無辜嗎？其實從幾個觀點，很容易分辨這些人是否無辜？

一、為什麼同時有這麼多人在肯亞涉案？他們去肯亞做什麼？旅遊？生意？都不是。

二、為何他們被羈押了幾個月，卻一直沒有尋求台灣政府的協助？

光這兩點就可以懷疑他們可能並不無辜，這也會影響我們對整個事件的判斷！

每個人都應學會對各種訊息的基本判斷能力，包括新聞、報導、別人說的話，要能分辨真偽、對錯，才能有所應對。

每個人也會有想法、有判斷、有決定，可是我們的想法、判斷、決定，禁得起檢驗嗎？可被證實是正確的嗎？

我的經驗是，這些想法、判斷、決定，大都來自不嚴謹的直覺，我們很容易根據所得到的訊息，快速產生想法、判斷、決定，可是卻說不出清楚的道理，或者有道理，卻禁不起一再地追問，也缺乏嚴謹的邏輯推理檢驗！

這些錯誤的認知、想法、判斷、決定（決策），都來自於我們缺乏批判性思考（critical thinking）的訓練，國外許多國家都已將批判性思考列入教育課程，可是在台灣，我們從未接受批判性思考的訓練。

所謂批判性思考，是指面對我們所接觸的訊息，以及我們所有的想法、認知、決定，及其論證過程，都要抱持高度質疑的態度，要運用科學化的邏輯思考，去反覆檢驗，一定要讓所有我們相信的事，都說得出道理，也有嚴謹的論證，絕對不會讓我們的想法停留在直覺的結論。

批判性思考，批判的是訊息、想法、認知和決定，批判的是事，而不是相關的人，人是中性的，不可以被批判，也不可以因為人，而影響對事實的判斷。

要學會批判性思考，有兩個關鍵：一是辨別訊息的真偽，二是確定我們的想法、決定的正確性。

辨別訊息的真偽，其實並不難。首先在接受訊息時要採取質疑的態度，然後展開訊息的重要細節，針對每個細節分析其可能性，再把所有細節串成整個訊息的全貌，看看所有細節間是否合理且不相衝突；針對訊息，我們只要不斷地問為什麼，通常可以解開問題的真相。

每個人都會有想法、有決定，如果要確定正確與否，只要對想法及決定建立完整清楚的論述，並針對論述的層次，逐一檢查其是否合乎邏輯推理的描述，務必要讓我們的想法，能夠說得出道理，能夠說服自己，也說服別人。

要學會批判性思考，得經過長期練習，從今天開始帶著質疑批判的態度，看待所有事吧！

後記：

❶當我們有任何想法時，批判性思考讓我們會反覆質疑這個想法的正確性，為何會有此想法？這想法對嗎？經過反覆的質疑後，仍禁得起考驗，才能接受此一想法。

❷批判性思考是一項訓練，有心學習的人可以尋找相關機構學習，也可以找專書閱讀。

13-4 強迫自己有看法

面對問題時，我們往往腦中一片空白，無法產生具體的意見，這是許多人都有的通病。

為什麼沒有意見？原因是我們缺乏思考能力。為什麼會缺乏思考能力？原因是我們不習慣去思考。為什麼不思考？因為我們習慣於沒有意見、沒有答案。因此，如果我們遇事一定要強迫自己有答案、一定要提出自己的意見，那我們就不得不去思考，思考多了，思考能力就增強了！

公司開會時，我經常會要求與會者發表意見，但通常大家都沉默不語，當我一再要求後，真正會發言的也多半是高層主管，其他與會者仍然不開金口。

如果會議是討論公司的決策大事，因為自己沒有太精彩的意見而保持沉默，這還無可厚非。可是如果是集思廣益的動腦會議，大家仍舊不發表意見，這種現象就值得探討。

根據我的分析，為什麼職場中開動腦會時，與會者會沉默不語呢？原因是他們對談論的主題沒有了解和研究，所以沒有看法、意見，自然不敢發言。

而為何會面對問題都沒有看法、沒有意見呢？因為他們欠缺分析思考的能力，所以對陌生的問題，無法透過解讀、分析、論證，而形成自己獨到的見解。缺乏分析思考的能力是許多工作者普遍的缺憾。

一個人如何培養自己分析思考的能力呢？

我剛開始工作時，也缺乏分析思考的能力，對許多議題沒看法、沒觀點，也不敢發表意見。當我發覺自己的缺憾時，便下了一個決心，對任何事情，我必須要有自己的看法和意見，而且要講得出為什麼！

我的自我訓練從報紙開始，每天我會從中選一則有探討空間的新聞，通常包括多個探討角度，例如：教改聯考該不該廢、國民年金該如何改革等。

然後開始分析、思考此一問題，並強迫自己一定要有明確的答案，而除了答案之外，還要對答案建立嚴謹而足以服人的說理過程，這就是我的論述。而為了找到這樣的看法，我就需要不斷地分析思考。

有時候我還會嘗試在議題的兩面都建立自己的論述，例如：支持和反對廢除聯考，我都提出觀點：為什麼支持廢除聯考，又為什麼反對廢除聯考？透過正反兩面論證，更能建立深度的分析思考能力。

每天從報紙上找題目，以建立自己分析思考的能力，這是非常有效的自我訓練，這種訓練不只增加自己的邏輯思考能力，還能在每起事件中增加自己的知識領域，開闊了視野、強化了日後的判斷能力。

其次我會把分析思考的能力活用在工作中，當主管詢問我對某個問題的意見時；當正式開會必須對某議題提出意見時，我都強迫自己必須要有看法、有意見，而且要開口說出來，如果光是放在心中，這就不是真的有意見。

在開會時要提出意見，比較容易，有較多的時間分析思考，還可以等別人先提出意見，再延伸論述。而面對主管的詢問，要立即回覆，則是較嚴苛的考驗，因為要在對話的瞬間就提出看法，並不容易。

強迫自己對任何事都有看法，可以迫使自己去思考、分析、解構、論證，也有助於培養自己分析思考的能力。

後記：

❶ 人無時無刻不在思考，所以思考能力的培養也要從日常生活中做起。

❷ 生活工作中，遇到任何情境，都要強迫自己有看法、有意見，是強迫自己思考的開始。

❸ 在生活中看到任何現象，我們都可以進行思考訓練，可以自問：這個現象代表什麼意義？為什麼會發生？未來會怎樣發展？這都是可思考的方向。

第十四項修煉

數字敏感

我們期待達成財富自由的人生目標，財富是以數字為單位，所以必須要對數字敏感，才有機會擁有財富。

有許多人自承對數字無感，記不住數字，也不會計算，這種人除非銜著金湯匙出世，否則註定一生不太可能富有。

數字敏感最基本的就是要記得住數字，要能分辨數字所代表的意義，並把數字轉化為分析思考的基礎。因為數字是精準的、是量化的、是科學的、是可分析比較的，有了數字就可以明確判斷。

要對數字敏感，第一件事就是要把所有憑感覺的形容，都盡其可能地轉化為數字，要轉化為數字，就要對事物進行量測，而量測不見得需要得到精準的數字，大多數時候，只要縮小不確定，得到一個區間或大概的數字，就可以進行分析。

要對數字敏感，學會基本的財務及統計學也是必要的過程。

14-1 對數字敏感的人

人類活在兩個世界中，一個是感覺的世界，一個是精準的世界。感覺的世界，用的是主觀來體驗，人人各有不同；精準的世界，則是要把所有的衡量轉化為數字，有共通的標準，每個人對數字的感覺各有不同。

可是世界已充滿了數字，衡量價格、財富、大小、成績、高低、好壞、評價，多數都已轉化為數字，擅長使用數字的人，做任何事都有更科學化的依據，也會更有效率。每一個人都必須學會對數字敏感，人生才可能有更高的成就。

在我三十四歲創業前，我是一個不記數字的人，看到數字就自動略過，覺得只有少數財會人員才需要關心，一般人不需要在意，因此我從來不知道口袋裡有多少錢，也不知道我銀行中有多少存款，反正只要有錢用就好了，全然是一個浪漫的月光族。

可是創業後，我立即遭遇到數字的震撼教育，頭六個月我全心全意在工作上，完全沒去看公司的財務報表，一直到六個月後，我的財務主管告訴我，公司的資本額已經花掉一半以上，公司可用的錢不多了，我才認真去看財務報表，那完全是冷冰冰的數字，收入、成本、費用、損益、現金餘額，我才知道公司每個月要賠一、兩百萬元，整個公司的營運都會化成冷冰冰的數字，提醒我公司即將山窮水盡，從此我與數字結下不解之緣。

我不得不在意數字，也不能不關切，只好仔細地去面對、去研究。

我發覺所有的事情，最後都會以數字呈現，數字中隱藏了所有奧祕，我每多用一個人，就代表公司每個月要有幾萬元的支出，我做任何事，也都會多產生新費用，而如果我做的事，未能增加公司的營收，就代表公司會持續增加虧損，手中的現金就會持續減少，我們離倒閉就更近一步了。

我不得不開始重視數字，學習把每一件事都轉化為數字，企求讓公司每個月呈現的財務報表更好看一些。

經過了幾年，我從一個討厭數字的人，徹底改變成一個一切以數字為依歸的人。當我看到任何數字，我不再忽略，反而會嘗試去注意，甚至會去記住，並進一步分析，這個數字是大、是小，代表什麼意義，我變成一個極關心數字的人。

我除了在公司經營上極關心數字之外，在生活的周遭，我也用數字來觀察。

到了一家新開業的餐廳，我會觀察這家餐廳有多大，總共有幾個位子，用了多少員工，每個客人消費的平均單價有多高，每天大概有多少客人進出，進而計算出這家餐廳的營業額有多高，能不能賺錢，並預測這家餐廳能不能持續營運下去，事後證明，我的預測準確率達到八成以上。

我也可以用自己的數字化觀察，估計出幾家報紙的發行量，便利商店的營業額，選舉的投票率，候選人最後的得票數，能否當選等等。

這一切的觀察與推估，都在磨練我對數字的敏感度，並且從錯誤中不斷修正我對數字的判斷，讓我自己變成一個對數字極端敏感的人。

我從一個不關心數字，變成一個對數字極端敏感的人，進而成為一個精於計算、凡事都有自己獨特且精準看法的人。我的所有判斷並非來自直覺，而是來自數字，因此能夠凡事都見微知著，預測未來。

想要成為一個成功者，先培養自己對數字的敏感度吧！

後記：

❶對數字敏感是一個財富的指標，對數字沒感覺的人，註定一生無法致富，只能窮一輩子。

❷數字也是另一種科學化的依據，習慣用數字，就是習慣科學思考與科學方法。

❸心中有數字，自然對數字敏感。

❹對數字敏感，可經由訓練、培養對數字的感覺，只要天天用、常常用，對數字就會越來越精準。

14-2 所有的想像都要數字化

要對數字敏感，就要嘗試把所有的衡量、判斷、思考都數字化，已經是數字的，就要活用、善用數字。沒有數字、不是數字的，要設法轉為數字，這樣才能分析比較，衡量才會精準。

要嘗試把所有的形容詞都數字化。

一個同事告訴我：有一本書應該很有市場，他很想出版這本書。

我說：你認為這本書會賣多少本？

他愣住了，一時回答不出來。

我告訴他，回去仔細想這個問題，想清楚了，再來和我談。

隔了一星期，他來告訴我，他實在回答不出此一問題！

我回他：無法回答，這本書就不能做！

接著我告訴他一些思考方向：一、先去比較一下市場已經出版的類似書籍；二、推估這些書的銷售數字；三、再分析這本想出版的書與已出版的書籍（競品）的差異；四、再從差異中去推估這本想出版的書的可能銷售量，就可以回答這個問題。

過了一個星期，他真的說出了一個可能的數字，我們終於能坐下來談談這本書可不可以出版。

這是我長期以來的工作習慣，任何的想像、任何的規畫、任何的決定，都需要先數字化，有了數字，才能進行具體的思考、分析和判斷。

所有的想像，都需要轉換成數字，有了數字，我們才能比較分析，也才能做成判斷。

把想像數字化，其實並不難，只不過大多數人沒有這個習慣，因此只能靠著虛無縹緲的想像做決策，以至於所有的決策，也都只是不知可行與否的推斷，和擲飛鏢一樣，結果完全不可預期。

要把想像數字化，第一個訓練是要相信所有的東西都可以數字化，如果暫時找不到數字化的答案，那我們就是還沒把事情想透，一定要持續分析、思考，直到找出數字為止。

數字化的第二步是：放棄找到一個絕對的數字，我們能據以判斷的數字，通常只是一個區間——一個上限與下限的區間。

以一本書能賣多少本為例，我們通常不需要絕對的數字，但我們很容易推估出最少可以賣多少本，也可以推估出最多可以賣多少本。有了下限的數字，就可以據此判斷是否能過平損點，這是我們決定是否要出版此書的依據。而上限是這本書營收的極大值，也是出版此書最大的期望值。

數字化的第三個步驟是：再去找尋各種相關的佐證數字，以使上下限的區間極小化，區間越小，判斷會有越高的準確性。

在數字化的過程中，尋找已知的可佐證數字，又是最佳的參考。從已知的數字來推估我們想得到的未知數字，這是最具體的方法。如果在可以找到的已知數字中，沒有直接正相關的數字可參考，也可以嘗試間接相關的數字，總之有總比沒有好。

把一切想像數字化，是一種訓練、一種習慣，也是人人必須學會的科學方法。

後記：

❶把形容詞變成數字，例如：他是一個好人，有幾分好？如何比較、衡量？若把好人分為十等份，我們就可以評量一個人有幾分好，也可以衡量誰比較好。

❷光譜也是另一種衡量，由極左、中性到極右，經過衡量，都可以在光譜中找到落點，也可比較分析。

❸有時候，衡量並不需要絕對數字，只要知道相對關係即可。用一個可量化的指標進行排序，就可找出相對關係。

14-3 任何事都可轉化為精準的衡量

這世界充滿了不確定，當我們遇到不確定時，通常就不知如何處理，也不知如何做決定，更不知未來會發生什麼事。所以不確定是個大麻煩，阻擋了我們前進的道路。

因此如何把不確定轉化為確定，是一種重要的能力。

遇到不確定的狀況，絕對不可放任不確定繼續存在，必須想辦法去估測不確定，讓它轉化為可以衡量的數字。

我問一個部門主管：今年年底的業績能達成預算嗎？他的半年檢討，已落後預算二〇％。

他看看我：我會盡量達成！

我再問：你到年底達成預算的把握度是多少？我問的是百分比！

他回答：七〇％。我知道他應該做不到預算！

我再問：如果把全年預算下修一〇%，你達成預算的把握是多少？

他回答：九〇%。

我確定他應該可以達成全年預算的八〇%，運氣好的話，可達成九成。

我習慣把不確定的形容詞變成可以判準的數字。

我問一個同事：這家客戶可以信賴嗎？

他回答：這個客戶交易到現在還算正常，應該可以信賴。

我不滿意，繼續問：如果把客戶分為五等份，從絕對可信賴、尚可信賴、中性、不可信賴、絕對不可信賴，這家客戶落在哪個區間？

他告訴我：中性。我知道這只是一般的客戶，不能有太好的期待。

我習慣用五等份的光譜來分析所有的事情，因為這樣才能更精準判斷。

我也習慣用三等份來做價值判斷，以朋友與敵人為例，我把所認識的人分三種：朋友、敵人，以及中間的非敵非友或亦敵亦友。

朋友百分之百可信賴，敵人百分之百不可信賴，要打起精神仔細對付，而中間的非敵非友族群呢？我基本的態度是不是敵人，便是朋友，先把這群中性分子劃成朋友，也真心對待，直到他們做了傷害我的事，我才會把他們列為敵人，這是廣結善緣的態度。

我也不認為社會上是簡單的二分法，有絕對的黑白。以好人、壞人為例，所有的人都在好人、壞人的光譜中占一個刻度。這世上沒有絕對的好人、壞人，我們頂多能判斷人是偏好還是偏壞，而光譜上的刻度有助於我們更精準地判斷。

我習慣把所有事都轉化為精準的衡量，可能是數字，可能是幾等份的刻度，也可能是統計學常態分配上的一個區間，我知道如果只是文字化的描述，相同的描述每個人都可以有不同的體會，絕對不會有共同的判準，當判準不一時，我們就不容易據以做決策，就算做了決策，也很可能是錯的。

而且我相信，世界上任何事都可以衡量，而在做決策之前，一定要嘗試去衡量所有的事，我不能接受缺乏數字判準的主觀判斷。

而在衡量時，我們不見得需要得到百分之百精確的數字，事實上，我們只需要把不確定的範圍變小，許多時候，我們只要大於某個數字，就知道這件事可不可以做，我們只要得到一個衡量的區間，就可做精準的判斷。

養成習慣把所有直覺、主觀感覺都轉換成精準的衡量吧！

後記：

❶許多模稜兩可的答案，其實都可以透過不同的角度進一步詢問，而得到可以判斷的答案。

❷對不確定的答案，其實我們並不需要得到百分之百精準的數字，只要稍微縮小不確定的範圍，就可以判斷。

14-4 人人都應學會「規則五」

在工作中，經常有做市場調查的必要，可是我們可能沒有足夠的經費，也沒有足夠的時間，去做一次嚴謹的市場調查，那我們該怎麼辦？「規則五」的簡易抽樣方法，可以協助我們探知調查母體的分布實況，雖然並不完全精準，但已足夠進行初步的思考與判斷。

有一次我想了解台灣人一生讀多少本書，由於政府沒有相關的統計數字，於是我決定用自己的簡單方法調查。

我隨機抽樣五個人，這五個人分別是：一本、五本、十一本、二十本、三十一本，這是他們一年的讀書量，我把最少和最多的兩人讀書數相加，再除二，得到十六本，這可能是台灣人讀書的中位數。

由於讀書是正向價值，受調查者可能會多報，於是我把均值十六本再打六折，得到九．六本，我認為這是台灣人一年的平均讀書量，我用最簡單的方法做了市調，得到我自己的數字。

這個方法用的就是統計學上的「規則五」原理，「規則五」說的是任何隨機的五次調查所得到的結果，約有九三．七五%的機會，調查母體的中位數，會落在調查樣本中的最大和最小值之間。

讀書調查的最大和最小值為三十一與一，中位數必在其中，而我假設調查樣本為常態分配，用兩者相加除二，作為中位數。

為何是「規則五」，以中位數為準，大於中位數為大，小於中位數為小，而每一次調查樣本都像擲一次骰子，連續五次都出大或都出小的機率是三十二分之一，即三．一二五%，所以五次調查，至少有一次為大或為小的機率是一〇〇%減（三．一二五%×二），得到九三．七五%，也就是隨機抽樣五次，其中位數必在最大和最小之間（可參考經濟新潮社出版之《如何衡量萬事萬物》）。

「規則五」提供了我們隨機做最簡單的抽樣調查方法，因為九三．七五%的可能性幾乎可視為百分之百，如果這還不夠，就再多抽樣幾次，準確率必將大幅提升。

因此想探知任何母體的實況，只要隨機調查五個樣本，就可以探知中位數的落點，也可以了解母體的實況，這個數字將大幅減少毫無所知的不確定性，有助於我們做決策判斷。

我常用「規則五」做抽樣，以其結果做決策判斷的參考。例如我們要在出版前判斷一本書能賣多少本，這是最困難也最重要的事。這時我會召集所有編輯開會，大家先聽新書簡報，再隨機抽樣五個人，以判斷未來的實際銷售量，找出其中位數，這就是可能的銷量。

這不是實務調查，而是可能的判斷，可是只要受調查者都是訓練有素的專業人士，其結果當然也就相對可信。

我長期使用「規則五」的簡易調查法，實際驗證新書的真正銷量與事前的調查相當接近，說明「規則五」的方法十分可信。

我們決策之前必須找到各種可依據的參考數據，可是我們卻經常苦無正確數字，如果要花大錢做市調，又可能經費不許可、時間來不及，這時候如果會用「規則五」的隨機調查法，就可以大幅降低不確定，這是人人必須學會的方法。

後記：

❶統計學是門複雜的學問，不易懂、不易學，但其實只要懂一些基本原理，在日常工作上已經很好用。

❷規則五的道理，其實只是擲銅板，連續五次都出現人頭的機率，簡單易懂。

❸我常用隨機的詢問，作為在完全沒有數字可供參考時的判斷依據。

❹「規則五」可以用在許多地方，可自由想像，發揮創意。

第十五項修煉

解決問題

這世界有的是能做事的人，但卻很少能解決問題的人。做事通常做的是正常的事，做的是太平時期的事；而問題通常出自於意外，來自於困難。能解決問題，就是有旋乾轉坤的能力；能突破困境化險為夷，就是具有超凡的能力。我們如果能修煉出解決問題的能力，就是稀有人才。

要解決問題，首先要有不認輸的精神，相信自己能克服困難，不論遭遇的環境有多險惡，都願意面對，想盡各種方法去解決。

解決問題，除了要有決心之外，還要有方法。拆解問題，把大問題拆解成可以下手解決的小問題，就是解決問題的第一步。

其次，要解決問題，就要能找出解決問題的「槓桿點」，槓桿點指的是最易下手處理的地方，而且一旦下手處理，會引起正向的連鎖反應，讓問題簡化、縮小。

如果問題不能一次徹底解決，也要想辦法化解部分問題，減少傷害，縮小問題的規模。

15-1 能解決問題的人

能解決問題的人，是世界上的稀缺人才，也是真正帶動世界向前走的人。

大多數的工作者都會做事，組織每天都有做不完的例行公事。可是，若只完成例行公事，組織並不會有成長，也不會有傲人的成果。不過，如果組織能突破困難，提出創新，就可以邁向卓越，而帶領組織解決問題的人，就是最有價值的人。

會做事只是工作者最基本的能力，如果想要成為卓越的工作者，就要能解決問題。

在快速變動的數位世界中，我們看到了一個沒有人經營的市場空間，碰巧一個知名的國外同業也看好這個市場，於是我們倆一拍即合，合資成立了一家公司，進軍這個市場。

只可惜經營了一年之後，我們就發現市場並不如想像中樂觀，營業規模極小，公司一直處在虧損的狀況。

這家公司的實際經營者是一個我十分信賴的主管，當這家合資公司營運不如預期，而且短期內也看不到逆轉的可能時，我幾次問這位主管，要不要結束這個專案？他想了想後，總是告訴我，他還想試試，「應該還有可能找到其他的生意模式，」他回答。

就這樣，他開始在原有的資源中，不斷地尋找新的生意機會，也試了幾個不同的專案，終於逐漸露出一些曙光。

這位主管是一個能解決問題的人，過去我曾經派他去整理一些問題單位，他總是能在一段時間後，交出不錯的成績單，而這一次他又發揮解決問題的能力，嘗試在黑暗中重新點亮蠟燭。

在我的經驗裡，組織中能解決問題的人才，是稀缺的資源，大多數的人都只是一個工作者，會做事，會做正常的事，會做順境的事，會照現有的組織規章做事，但是一遇到問題，遇到困難，遇到逆境，就束手無策，不知如何是好。

不能解決問題的工作者，只會把遇到的問題原封不動地還給公司，期待上層主管來解決。如果遇到不景氣，業績大幅下降，不能解決問題的主管只會告訴公司：因為市場不景氣，如果你問他如何解決，他通常只會說更努力開發，還會說整個團隊都已全力以赴，辛苦異常，可是業績仍然沒有起色。

如果遇到會解決問題的主管，他會想出各種對策，嘗試去縮小業績的降幅，而且他說得出他用了哪些方法，額外爭取到哪些業績，還能證明市場的平均降幅是四〇％，而經過他們做了那些事之後，公司的業績只降了一五％。能解決問題的主管，不見得能解決所有的問題，但他們一定能想出一些方法，解決部分問題，讓問題的傷害減少。

一個好的工作者，一定要培養出解決問題的能力，讓自己能處理危機，扭轉逆境。而學會解決問題之前，要先相信問題一定可以解決，嘗試想盡各種方法找答案，其次要打破既成的工作框架，去做一些承平時期不會做、不可能做的事。總之要想盡辦法做出一些改變，讓不可能變成可能。

成功人士一定是能解決問題的人，所有的工作者都應學會解決問題的能力。

後記：

❶會做正常工作是基本能力，做好例行公事也不會有功勞。

❷真正能力好的人，會表現在迎接更高的挑戰目標，也會表現在能面對困境、解決問題，這兩者都是一般人做不到的事。

❸人為什麼會有解決問題的能力？通常來自解決問題的決心，有決心的人，會想盡各種辦法，會窮盡畢生之力，不斷嘗試，最後找到解決之道。

❹問題為何不能解決？通常是把問題怪罪於環境、怪罪於外界不可控的因素，沒有把解決問題當作是自己能力的考驗。

15-2 解決問題的SOP

解決問題有最基本的SOP，就是把問題拆解，先把大問題拆解成中問題，再拆解成小問題，一個大問題經過拆解後，可能變成許多小問題，然後從其中可解決的小問題下手處理，小問題排除之後，問題的複雜度及規模都會隨之降低，就有可能逐步解決。

遭遇很大、很複雜的問題，一定要先拆解，把大問題切割成較小的問題，再按照問題大小、輕重緩急，排定處理的先後順序。

遇到任何問題，我嘗試解決的方法，是從拆解問題開始。

如果遭遇的問題簡明易懂，難度不高，當然可以直接下手解決，但是如果問題很大、很複雜，無法立即動手解決，一定要先把問題拆解成較小的細項，才容易解決。

舉例來說，我們需要爭取到一千萬的生意，才能滿足公司要求。面對這一千萬的大目標，我可能很難完成。

但是如果我把一千萬的目標，分成二個五百萬、四個二百五十萬或十個一百萬，再分配給幾個業務人員分別去完成，是不是就相對容易得多？

所以，把大問題拆解成小問題，再各個擊破，是有效解決問題的方法。

又例如，我們遇到的是一個整體的綜合性問題，問題的表現只是一個結果，其中隱藏著各種結構性的次要命題，這時候我們更要仔細地拆解。

像是如何解決公司的業績不振？如何讓公司轉虧為盈？如何提振公司士氣，增進公司效率……類似的問題，都是一個複雜的結果，我們一定要將問題細化拆解，才能下手解決。

以提升公司業績為例，公司的業績不振，背後有許多錯綜複雜的原因，可能是產品不佳、行銷廣告沒做好、通路鋪貨不暢或經銷商所託非人，當然也可能是銷售人員能力不足……一定要經過拆解細分，才能找到真正的著力點。

通常，找出了細分後的第一層問題，還可以繼續往下拆解。

比方說，如果確定了公司業績不振的問題，是出在產品不佳，那要如何解決呢？細分之後，可以是推出好賣的新產品，也可以是調整、更新舊的產品，當然也可以是將舊產品降價求售，以提升消費者的購買意願。

就這樣層層不斷地往下拆解，直到所面對的問題是可以直接解決的小問題為止，這就是解決的方法。

在拆解問題的同時，也要注意選擇的精準，也就是謹慎選擇要從哪一個次問題下手：一定要確認選擇的次問題是真正的核心所在，只要下手處理這個次問題，就能真正解決。

總而言之，選擇從哪一個問題下手，是處理問題成敗的關鍵。

當大問題拆解成數個小問題之後，我們還要將這些待處理的小問題，按照問題大小、輕重緩急，排定處理的先後順序，然後從關鍵問題下手，依序處理。這就是解決問題的標準工作程序。

後記：

❶拆解問題時，要把握「MECE」的原則，就是經過拆解之後的問題，要「彼此獨立，互無遺漏」，這才是有效的拆解。

❷拆解之後的問題，可能不只一層，如果大問題拆解成中問題之後，還是找不到著力點，可以再把重要的中問題，拆解成小問題，務必要找到可下手處理的施力點。

❸解決問題要有耐性，可能找不到一次解決的方法，要有決心分次解決。

15-3 找到解決問題的槓桿點

要解決問題，有兩大關鍵：一是找到解決問題的著力點，也就是從哪裡下手解決問題；第二是擬定解決問題的SOP，也就是解決問題的步驟與方法。

找到正確的著力點，會事半功倍，使問題出現解決的良性循環，這種正確的著力點，稱作解決問題的「槓桿點」，找到槓桿點是解決問題的重要思考。

一個牙膏廠商想提升牙膏的銷售量，想盡了各種方法，都不能有效達成，最後一個生產線上的領班提出了一個方法：把牙膏的開口口徑擴大二〇%，果真有效地提升了牙膏的營業額。

我們公司面臨數位出版的衝擊，決定發展電子書業務，要求所有出版團隊在出版紙書的同時，也要轉製成電子書販售。不過因電子書的營業額極小，大多數的出版團隊都不肯再花錢轉製電子書，導致公司可販賣的電子書目增加極為緩慢。

我不惜以執行長名義下令所有出版團隊要全力轉製電子書，但仍效果不彰，我不得不仔細思考為何大家都不配合，主因是電子書銷售不佳，收不回轉製成本，他們不做電子書完全是營運上合理的考量。

後來我改弦易轍，成立專責單位轉製電子書，不再由出版團隊負擔成本，才能有效推動電子書業務。

這兩個故事，都說明了遇到問題時，想要解決都可以找到一個最有效率的方法，這是解決問題的「槓桿點」，只要找到「槓桿點」，就等於找到問題的突破口，一旦單點突破，事情很快就會出現效果，水到渠成。

以轉製電子書為例：我們公司是極精準的利潤中心制。每個營運單位都要為自己的盈虧負責任，我要他們花錢轉製電子書，可是短期內又看不到營收，他們自然推三阻四，因此我要推動電子書業務，首先就是要讓他們不用負擔成本，這樣就可以順利推動。

每個組織中都有其既成的系統邏輯，合乎系統邏輯的事，通常很容易推動，因此要在組織中解決問題，就得從組織的系統邏輯下手，從中找到解決方案，這就是「槓桿點」。

另一種「槓桿點」是突破指標型客戶，只要攻下指標型客戶，整個產業都會認同，也會跟進埋單，這也是另一種槓桿點。

例如想做飯店生意的人，只要全心全意突破一家具指標意義的五星級飯店，成為我們的客戶，那其他飯店就可能跟進，這第一家客戶就是「槓桿點」。

當我們面對問題時，需要仔細界定、分析、拆解，並且列出所有問題的可能解決方案，然後從所有的解決方案中，找出最可行、最有效益、最能產生延伸效果的方案，也就是找到槓桿點下手，這才是最聰明的做法。

要想找到槓桿點，最重要的是思考必須開放，讓想像力無窮發揮，不要只局限在問題本身，也不能只是僵化地線性思考，不單從傳統的解決方案下手，更要開闊地想像各種不可能的方法。

槓桿點是解決問題的起手式，找對槓桿點，問題解決就水到渠成。

後記：

❶任何一個問題，一定是存在某個生態系統中，任何系統一定有其系統邏輯，而任何人為的改變，都會啟動系統的連鎖反應，如果改變合乎系統邏輯，就會出現良性反應。在解決問題時，如果找到合乎系統邏輯的解決方法，就可能是槓桿點。

❷有關於系統思考的方法，可參閱經濟新潮社出版的《系統思考》一書。

第十六項修煉

手腳俐落

每個人做事的節奏都不同，有人快，有人慢，但是能用最快的速度完成工作的人，通常最有效率，且成本最低。因此，如果能透過修煉，把自己變成手腳俐落的人，會得到最大的成就。

手腳俐落指的是做同樣的事，也要求同樣的品質，卻能比一般人更快完成。手腳俐落通常代表具有較高的執行力，也代表能找出更好、更快的工作方法。

要修煉手腳俐落，首先要認知時間的重要，不斷地追逐更快的工作節奏，且反覆練習，讓自己變成幹練的工作者，又是手腳俐落最常用的方法。

經過反覆練習之後，我們就有機會找到最佳化的工作方法，透過流程的改善與簡化，縮短工作時間，這也是另一種手腳俐落。

這是一個追逐速度的世界，速度也是決勝的關鍵，手腳俐落代表做事的效率最高，所需的成本最低，會有最大的競爭力。

16-1 組織的珍貴人才：手腳俐落的人

做任何事都要講究完成的速度，越快完成，投入的成本越低，效益越高，所以要想成為生涯的贏家，一定要做事迅速、手腳俐落。

手腳俐落與明快果決遙相呼應，一個是決策的快速，一個是完成工作的快速。手腳俐落多半來自天性，有人就是做事急如星火，但也可以藉由後天的訓練來培養。

我用過三個鐘點家事阿姨。第一個工作認真，做所有的事都十分仔細，到我家花了三個月才熟悉所有工作，工作品質也尚稱良好，只是動作緩慢，要花較長的時間才能完成每天的工作。

第二個是反應很慢，剛到我家時，要花非常多的時間才能教會她做一件事，而且每件事都要我們盯著交代，她才會繼續做，我們受不了她的愚魯，因此沒有多久就辭退她了。

第三個手腳十分俐落，我們要她做的事，一學就會，而且很快完成。只可惜她做事的品質不高，雖然工作做完了，可是我們總覺得她可以做得更好。每天的工作，她都能快速完成，還可以有時間休息。我們花了一點時間，要求她把工作做得更仔細些，她也能按照我們的標準完成。

這三種人正好代表職場工作者的三種原型。第一種人是大多數的工作者，可以透過學習學會工作，但是要慢慢適應，凡事按部就班，通常要花比較多時間，才能成為熟練的工作者。

第二種人是不稱職的工作者，本身資質不好，再加上學習能力差，又不主動，很難在組織中生存。

第三種人是最有趣的人，反應靈敏、手腳俐落，凡事一學就會，做事也比一般人快一拍，很快就能完成。可是這種人的缺點就是不夠仔細，不會把工作做到完美，總是能交代就好。

手腳俐落的人是職場中最值得珍惜的人才。他能快速完成工作，代表他是比較聰明的人，很能掌握重點，能快速上手。雖然也會有沒耐性、品質不夠精細的缺點，不過這是可以調教改善的，只要告訴他完成的標準，並要求他每一件事都要達標才算真正完成，通常他也可以做到。

手腳俐落的人為何珍貴？因為手腳俐落是天生的個性，同樣做一件事，有人花十分鐘，有人要花二十分鐘，這和心性有關，也和天分有關。雖然學習和練習會改變每個人工作的熟練度，但是面對新生事物，手腳俐落的人總是比較快上手，並不是每一個人都可以透過學習變成手腳俐落的人。

職場中，時間是極重要的成本，快速完成工作，代表了較少的投入，也有比較大的效益。在組織中，我永遠在尋找手腳俐落的人，我也會嘗試把一般工作者調教成手腳俐落的人。

每一個工作者都應嘗試把自己變成手腳俐落的人。想要改變，第一個需要認知「時間就是成本」，凡事都要追逐更快的速度去完成，有了這樣的心理認知，在做每一件事時，就會加快工作節奏，逐漸把自己變成一個手腳俐落的人。

後記：

❶每個人的工作節奏不同，有人快，有人慢，但大多數人都在平均水準，而組織通常是以平均水準來分派工作，因此，動作快的人通常都可以輕鬆完成工作，會有比較好的工作表現。

❷動作快的工作者，通常都是組織中的核心戰力，是組織中珍貴的人才。

❸每一個工作者都應該努力學習，變成一個超越平均水準的手腳俐落的工作者。

16-2 重複練習，最佳化

要成為手腳俐落的人，有兩個方法，一是找尋最佳化的工作方法，二是不斷地反覆練習，做到熟練為止。

做同一件事，不同的人有不同的做事方法，其中一定存在最佳化的工作方式，這就是所謂的best practice（最佳典範方法），最佳化的方法，一定最有效率。而不斷地重複練習，也是提升速度的不二法門。

我一輩子靠寫文章過活，如何用最快的速度寫文章，變成我生存的必要方法。年輕時當記者，每天寫文章，多的時候每天四、五千字，少的時候也有兩、三千字，而且都要在晚上十點前限時完成，計算每天寫稿的時間，最長從晚上七點到十點，不過三個小時，要在三個小時中，完成當天的稿量，寫稿的速度就變成極重要的關鍵。

剛當記者時，我的寫稿速度約每小時一千字，看到老記者一晚上動輒三、四千字的稿量，頗覺不可思議，但我沒有質疑，只當作是學習的目標：我要用最快的速度，達到此一標準。從此，提升速度變成我每天檢視的目標。

首先我把所寫的文章分成兩類：一是報導，寫的是當天所見所聞。二是專欄論述，寫的是報導後的分析。報導較簡單，看到什麼寫什麼，這是我必須立即提升寫作速度的部分。

首先縮短下筆之前的準備時間，先找到全篇報導的破題導言，只要想好導言，就立即動筆，接著全文就按照事情發生的先後順序，次第展開。我把下筆前的準備時間從剛開始的十幾、二十分鐘，縮短為三、五分鐘。

接著就用每天的練習來加快寫作速度，我大概花了半年就把寫作速度提升到每小時兩千字，再花半年時間提升到每小時三千字。

在提升的過程中，我也為自己立下了寫作品質的要求，放棄文字的優美，只強調文章通順達意，畢竟報紙的壽命只有一天，讀者只要知道發生了什麼事即可。

至於專欄論述，則要先確定論述主題及兩、三個次要論點，即可下筆，我也為專欄找到最佳化的寫作方式。

我就是用寫作方式的最佳化及每天不斷地重複練習，讓我達到每小時可寫三千字的速度。

這就是我終身奉行的習慣，用最短的時間完成工作，用反覆練習及流程的最佳化，提升效率，讓自己變成一個手腳俐落的人。

每一項工作，都存在著既成的工作方法與智慧，這些都是前人留下來的。當我開始學習一項工作時，我總是先按前人的方法做，好讓自己能順利上手，再藉由不斷地反覆練習，快速提升速度。

在經過反覆練習之後，我會按自己的實作經驗，嘗試提出進一步改善速度的方法，這就是最佳化。經過最佳化之後，還要再反覆練習，以此檢驗，證實這個方法是可行的，新的工作方法才算確定。

做任何事，時間與品質是永遠的績效指標，而時間又是最容易檢視的量化數字，用最短的時間完成工作，是每個工作者必須學會的技能。

後記：

❶做任何事，一定要先找到最佳化的方法，再不斷重複練習，提升速度。

❷在提升速度的同時，也要講究工作品質，不可因速度而犧牲品質。

❸在重複練習時，一定要耐得住寂寞，因為那是無聊、無趣的枯燥過程。

16-3 別用「慢工出細活」拒絕速度

速度至上永遠會遭遇質疑，慢工出細活又是最振振有辭的說法，慢工出細活真的與速度不相容嗎？

其實在追求速度的同時，也會設定一定的品質標準，不是一味地追逐速度。而為什麼要慢工出細活，其目的也是在堅持品質，所以這兩者並不相悖。

我常在辦公室中強調「速度」的重要，任何工作都要追逐速度，能用一天完成的工作就不要用兩天，能用兩天完成的工作，要想盡辦法用一天完成。這個時代，永遠是快的打敗慢的，速度是決勝的關鍵。

可是這個要求，卻遇到同事的嚴格挑戰，他們質問我，沒聽過慢工出細活嗎？許多事情就是要細心慢慢來，才能做得好、做得精，一味地要求速度，會使工作質變，做不出真正的好東西，也會摧毀工作原本的價值。

這真是個嚴厲的挑戰，讓我一時間不知如何應對。

我仔細思索，這世界確實有許多事快不來，就是要慢慢地、一步一步地完成，這也是「慢工出細活」的由來。我開始深入思考，真的有些事就只能慢慢來嗎？不可能提升速度嗎？

再三思考後，我得到不同的答案：

有的工作為什麼要講究「慢工出細活」呢？因為這個工作對最後的結果有絕對的堅持，要做到某一種絕對的品質，而要達到這樣的品質，又必須經過一定的步驟、一定的程序、一定的時間才能完成，所以必須「慢工出細活」。說穿了也就是對品質的絕對要求罷了。

其實這和我要求的速度並不相悖。當我要求速度時，通常會同時要求品質，例如會設定一定的良率，一定的檢查標準，也會以最終的客戶滿意度來要求。我們會先要求一定的品質水準，做到這樣的品質水準後，再要求提升速度。

要求提升速度，絕對不是以犧牲或降低品質來換取。

如果一定要做「慢工出細活」的事，我們會先確定這件事要做到多高的品質，需要經過哪些步驟、花多少時間。確定這些前提後，再來談提升速度。

如果按照「慢工出細活」的標準工作，需要花一個月，那我們要問，能否透過各種方法的調整，讓工作的時間少一些，即便是少一、兩天，也是好的。我們不會降低品質，不會改變「慢工出細活」的精神，但我們仍然可以追求速度的提升。

在職場中追逐工作速度，是要要求每一個工作者手腳俐落，在實際執行工作時，每一個人都要把工作的速度提升到極致。人與人之間要互相比較，看看誰的工作速度最快，要向最快的工作者看齊。而自己也可以和自己比較，看看自己每天的工作速度有沒有進步，這是職場中追逐速度的邏輯。

而追逐速度，永遠不可以用降低品質做代價。

速度代表競爭力，早一步上市具有早鳥優勢；速度也代表成本，更短的完成週期代表更低的成本。速度也代表團隊的合作與執行力，可以更有效地打敗競爭對手。「慢工出細活」代表了態度，在堅持慢工出細活下，仍可追逐速度。

後記：

❶ 慢工出細活通常是動作緩慢者的託詞，他們藉此以掩飾未能趕上進度。

❷ 正確追逐速度的方法，是在慢工出細活的品質要求下，再去追逐速度的提升。

第十七項修煉

守時精準

世界上所有的工作，都會附帶完成的時間，必須要在正確的時間內完成工作，才會得到最大的績效。還有許多事，只要錯過了時間，即便完成了，也得不到成果。

所以時間是最嚴苛的標準，每個人都要養成守時精準的習慣，才有機會成就事業。

守時精準包括對人與對事，對人守時是尊重，也是自律，守時的人，一定是自律嚴謹的人，也會獲得別人的尊重。

對事的守時是對承諾的實踐，也是事情完美執行的表徵。而要完成對事的守時，就要事前訂定精準的執行時間表，並設置檢查點，把工作分階段完成，如果進度落後，也可以設法補救。

而為了確保工作能準時完成，還應該預留彈性時間，盡可能提前，這是守時精準最有效的方法。

守時精準也代表紀律，不論是人或組織，能守時就是嚴守紀律的象徵。

17-1 守時精準的人

守時是一個人最基本的禮貌，守時也是做事、完成工作最重要的檢查指標，每個人都必須做到守時精準，這種人才能成就一番事業。許多人不認為守時是重要的事，認為不準時、遲到並不是大錯，可是從對人的不準時，會延伸到對事的不準時，一旦對事不準時，就會出現大災難。

從小我就是個守時的人。上課我從來沒有遲到過，我會逃課，但只要想上課，就一定準時。搭乘任何交通工具，也一樣早早到達，絕不匆忙趕上。開會我也一定照預定時間，提早到達，以準時開始。與人約會，不論對方是否是重要的大人物，我也一律準時赴約，這是對對方的尊重。

有一次約會，雖然我預定提早到達，但路上遇到車禍，整條馬路堵車，我坐的計程車在路上動彈不得，眼看只剩半個小時，我問司機還要多遠才會到，司機說：還有將近三公里。我立即下車，一路跑步，大約晚了五分鐘到達，所幸對方也還沒來，讓我保住了不遲到的原則。

為什麼我會守時？可能與我從小喜歡上學有關，我覺得上課好好玩，因此每天都迫不及待到學校，等學校開門，等老師上課，讓我養成準時的習慣。

另一件事是，我從小要搭公車上學，公車每十五分鐘一班，絕對準時開，有一次我稍晚出門，為了趕上公車，我一路跑步，到了車站，公車剛關上車門啟動，我急忙敲車門，可是司機不理我，直接把車開走了。從此我知道公車不等人，就算只差一步，也不會等。

長大了，我好不容易找到一個工作機會，便小心翼翼地捧著飯碗，覺得任何人都比我大，我都要小心伺候著，因此開會一定準時，約會也不能遲到，這不只是尊重對方，更害怕得罪對方。這就養成守時的習慣了。

習慣守時後，我覺得守時是人與人之間基本的禮貌，不讓別人等，是不願浪費別人的時間，大家都守時，便都不必浪費時間。

後來我變資深了，職位高了，變成晚輩要注意我的感受，但我仍然準時，不願讓人等，因為這是做人的基本禮貌。

我很討厭別人不準時，也用準不準時來觀察每一個人。

我發覺不守時的人，都是自律很差、缺乏紀律的人，做起事來，也一定不牢靠！可信賴的人，必定是仔細精準的人。精準就是在正確的時間、正確的地點，做正確的事，並完成正確的數量與正確的品質，而正確的時間——守時，又是其中最容易衡量的標準。因此守時等同於精準，等同細緻，等同周延完整，等同做事絲絲入扣，值得信賴。

要訓練自己成為一個可靠精準的人，最簡單的方法是從守時開始。人生無時無刻不受時間的規範，我們永遠要在正確的時間做正確的事，只要時間不對，所有的人都可立即察覺。而且只要錯失時間，通常立即對別人產生不便，甚至造成損失。

守時又可分為對人與對事，開會、約會是對人的守時；而在正確的時間精準地完成任務，則是對事的守時。在工作上，對事的守時，是人能否值得信賴的標準。

後記：

❶守時是人人可以做到的事，而要做到守時，唯一的方法就是提早出門，預留充裕的時間。

❷守時不分對象，有人對比自己職位高的人守時，卻對比自己職位低的人不守時，這不是好習慣。

❸守時又分對人與對事，對人是尊重，對事是敬業。

17-2 時程表與檢查點

對事的精準，是把事情做好最基本的指標。而對事的精準有兩個方法：訂定工作完成的時間表，及在工作過程中的檢查點，做好這兩件事，然後照表操課，事情就可以精準完成。

每年年底做預算時，我總是把未來一年的營業額展開為十二個月，變成全年的工作進度。而這全年的工作進度，總是依循以下原則：一、上半年的業績要占全年的六○%以上；二、最後一季的業績僅占全年的一五%左右。

業績這樣編列的目的，是要確保全年業績的完成，上半年如能做到六○%，下半年只剩四○%，較易完成，而最後一季則進入調整期，保持最低的工作節奏，並全力籌畫未來一年的工作。

如果全年工作可按此進度執行，達成全年預算的把握將大幅提高，也是最佳的時間規畫。

我出版新書時，通常也會做一年的寫作時程表，每季按計畫執行，而最後截稿時，也要預留一到兩個月彈性調整期，以防拖稿，並作為出書前的準備。

做任何事，我都會事前擬定工作時程表以及工作檢查點，這是我確保工作能如期順利完成的方法，而且，這樣的工作習慣不只用在重大事件或專業上，對一般的例行小事我也會這樣做。

在做工作時程表時，要先展開所有的工作步驟，再將所有的工作步驟歸納為三個期間：一、準備啟動期；二、全力工作期；三、收尾結案期。如果把整個專案的時間切割成十等份，那準備啟動期約占一至二等份，全力工作期約占四至五等份，而收尾結案期約占二至三等份。這三個時期加總應不超過九等份，以便留下一等份作為最後調整期。

準備啟動期可以海闊天空地發想所有的工作可能，務期工作內涵周延完備。而進入全力工作期則是精準地照表操課，把所有的工作一步步執行完成。最後的收尾結案期重點在針對部分無法按計畫完成的工作，另覓途徑，務必要找到可行的替代方案，使整體計畫能如期順利結案。

至於預留的最後調整期是萬一有拖延時的彈性時間，如果一切順利，此時間可用來做最後檢查，以提升專案品質。

至於工作檢查點，可以設在每一階段的到期日，也可按月、按季另設檢查點。關鍵在於對所有的檢查點，都要預設工作達成進度的KPI，按KPI逐項檢查。

一旦在檢查時發現問題，就要採取方法有效補救。

時程表與檢查點的工作習慣，要落實到所有工作中，就算小事也要如此，這樣才能養成精準守時的工作習慣。

後記：

❶訂定工作時程表：首先要把整個工作完成的細節展開，了解總共要經過多少步驟，然後分配到整個工作時間中。

❷工作檢查點：可視工作流程的複雜度，設定多個檢查點，以檢討工作的執行進度，必要時得修正工作時程表。

❸任何事都要養成設定時程表的工作習慣。

17-3 從準時邁向完美

理論上，準時是時間的精準，和工作完成的品質沒有關聯。可是工作如果要準時完成，最好的方法是預留彈性時間，提早完成，這樣才能確保準時。

而一旦工作提早完成，那剩餘的時間要做什麼？可以用來重複檢查工作內容，也可以把工作做得更完美，這樣工作品質不就提升了！所以準時可以使工作邁向完美。

北京的交通永遠不可預期，在北京要準時赴約，總是要比預期提早一個小時以上出發。

有一次，在北京有一個極重要的約會，為了確保準時到達，我在預定的交通時間內，再提前一個小時出門。可是誰知道那天北京的交通出奇順暢，我竟然早了一個半小時抵達見面地點。為了打發時間，我只好找家星巴克，坐下來邊喝咖啡邊等待。

因為無聊，只好把今天要談的議題，重新檢視一遍。因為事前準備很充分，資料也很完整，我很快就檢查完了。實在是沒事幹，我就上網把今天的約會對象再搜尋一遍，沒想到搜尋結果有了新發現，這個對象是極好惡分明的人，而我事先準備的資料，竟然包括了他極討厭的論點，這讓我嚇出一身冷汗，立即更改所有資料，以免引起對方的反感。

結果當天的會面非常成功，順利達成極密切的合作。這次經驗也讓我得到極大的教訓。這教訓就是：要想做到完美，得先從準時開始。

表面上守時、準時與做事完不完美並不相干，是獨立的兩件事。可是這次的經驗，我因為要守時，所以提前出發，而陰錯陽差地早到，因為早到所以有空再一次檢視所有會談資料，才有機會修正，使會談完美達成。

這一切不都是因為準時而來嗎？從此我得到一個極重要的做事方法：要想做到完美，一切從準時開始。

在職場中工作，一般而言，有兩種思考：一是準時，一是完美。我的經驗是既要準時完成任務，又要呈現最完美的品質，準時是絕對標準，而完美是相對標準，最佳的狀況是又能準時完成又完美。可是如果兩者不可兼得，我一定會先做到準時，然後把品質從完美降為及格，用較低的相對品質標準，以確保完成工作，所以無論如何，務必達成準時。

而為了達成準時的絕對標準，通常我都會設定提前完成的目標，以預留彈性時間，應付不可測的意外狀況，這是做到準時完成的唯一可行方法。

一旦任務可提前完成，就可以確保準時，而只要沒有意外，我們就可以有多餘的時間，重新檢視任務完成的品質，利用多餘的時間，把品質從及格的標準逐步往完美靠近。

這就是工作從準時開始，再邁向完美之路。表面上，準時與品質無關，但是透過預留的彈性時間，就可以去雕琢更精緻的品質，因此只要先確保準時，品質就有可能向上提升。

大多數的工作者在接受任務時，通常會忽視準時的重要性，沒有把準時視為絕對不可違背的標準，以至於不能如期完成任務，甚至會要求拖延，以交出更高的品質，這都是不正確的態度。

職場工作，一切從準時開始，再逐步邁向完美，這才是正確的態度。

後記：

❶提前完成工作，是達到準時的唯一方法。

❷許多人為了堅持工作品質，而拖延了時間，不能準時完成工作，甚至以堅持品質為由，要求寬限工時，這都是不正確的態度。

第十八項修煉

喜歡讀書

要達成一個人的財富自由，就必須追逐個人能力的極大化，而想要不斷提升能力，就要永無止境地學習。讀書則是無時無刻、隨時可完成的自我學習，因此，喜歡讀書是每一個人都必須學會的最後一項修煉。

讀書是改變一個人最有效的方法，透過讀書可以改變氣質，也可以讓知識淵博，隨時儲備未來解決問題的能力。

讀書也可以是解決問題的方法，當我們遇到問題，就可以去找一本書來尋求解決方案。

每一個人都要養成讀書的習慣，必須要為自己設定目標：每月讀一本書是最低的標準，而每週讀一本書是更積極的目標。要確保這樣的讀書目標，就要養成習慣，隨時都有隨身一冊，只要一有空檔，就可以展書閱讀。

讀書只是學習的開始，我們必須持續學習，以趕上外界環境的變化，讓自己成為永不落伍的人。

18-1

喜歡讀書的人

讀書是絕對正向的價值，絕對不會有人否定讀書的意義。可是真正熱愛讀書、努力讀書的人卻不多。

讀書的效益有很多，但最吸引人的效益是：讀書可以使人榮華富貴、衣食無虞。世俗的價值，最能引起仿效。

讀書是提升能力的具體方法，讀書→學習→能力提升→工作順利→創業有成→累積財富→榮華富貴，這是一條讀書的進階路。

一個年輕的創業家從高雄來看我，他是一個小規模的房地產開發商，已在高雄推了幾個案子，成功完銷，賺了不少錢，雖然規模不大，但是他的創業故事十分有趣。

他高中沒畢業就輟學，跟了一個屏東的黑道大哥圍事，做了三、四年小弟，所幸並沒有遭遇刀光劍影的經歷。之後他覺得一生不能就此度過，決定離開大哥，選擇去服兵役。在他當小弟及服兵役的階段，只要一有空閒，他都在讀書，在這六、七年之間，他讀了各式各樣的書籍達六、七百本，其中又以商業管理的書居多，因為他未來想做生意，想在商場出人頭地。

退伍後，他就看上二手房屋買賣的生意，雖然手上沒有足夠的本金，但因為讀了許多書，知識豐富，談吐不凡，讓他成功地說服了幾個有錢的投資人，拿錢出來讓他買賣二手屋，在之後的六、七年間，他總共經手了一、兩百戶二手房，讓自己和投資人都賺了一些錢。

到了三十歲，他開始介入投資興建，取得建地，規畫興建新屋出售，幾個案子都算成功。他找上我的目的是想把已經讀了一千多本書的心得，再加上他實際的商場經驗寫成書，以供年輕創業者參考。

這是我見過因為讀書而受益最明確的典型案例。他因為讀書，從一個高中沒畢業的中輟生，成為知識豐富、說理清晰的人。他也因為讀書，知道長期跟隨黑道大哥當小弟，未來不會有「錢」途，而急流勇退。他更因為讀書，才能用知識說服投資人，取得資金創業。

讀書的好處，莫過於此，可以修養自己，陶冶身心，改變一生。

大多數的人，只在就學階段，因學校、因升學、因考試，而被迫讀書，在讀書時只感受到被逼迫的痛苦，以至於一畢業就遠離書本，再也不會主動讀書，因而也享受不到讀書的好處。

其實讀書是最好的娛樂與嗜好。讀書完全不受時間與空間的限制，一個人隨時隨地都可以讀書，不須有人相伴，一個人讀書最好。也沒有空間要求，一書在手，其樂無窮。更可以有效活用零碎時間，只要有十分鐘，就可以悠遊書中。

讀書可以改變氣質，提升品德的厚度與知識的寬度！還可以增加生活的趣味，讓自己變成一個談吐優雅、氣質出眾的人。

沒有目的的讀書，可以無所不讀，唯問有趣與否，只在增廣見聞，以待日後不時之需，免於「書到用時方恨少」。

讀書也可以有目的，心中有疑惑，讀書以解惑，書市浩如煙海，任何問題，多數可以得到解答。而只要長期追逐一種知識，久讀必成專家。

喜歡讀書的人，未來無可限量，每個人都應養成讀書的習慣。

後記：

❶靠讀書成就功名的例子，莫過於華人首富李嘉誠。李嘉誠從小失學，完全靠讀書自樂，他自承讀書改變了他的一生，提升了氣質、知識、能力、視野。

❷讀書是一生永遠的學習，也是最容易做到的進修方法，隨時可以排難解惑。

❸如果不求功利，讀書是最好的娛樂，一書在手，其樂無窮。

18-2 讓讀書成為陪伴一生的習慣

讀書是普世價值，可是有多少人真正愛讀書呢？

我錯過了二十五歲到五十歲的閱讀黃金期，從五十歲之後才養成讀書的習慣，主因是我謝絕了世俗的應酬，空下了許多時間，讀書變成我的精神寄託。從此以後，我無所不讀，重新建立起我的知識體系，也強化了我的能力。

五十歲以前，我是個會用閱讀解決問題的人，遇到任何困難，我會設法找許多書來嘗試解決，可是我並不是一個真正喜愛讀書的人。

我不太喜歡讀小說，除了少數我喜歡的類型之外，我不會追逐暢銷小說；我也不太愛讀散文，因嫌散文通常缺乏明確的閱讀目的性，而具有無病呻吟之感。

這讓我錯過了一生中最好的閱讀時間：二十五歲到五十歲，這段時間我未能廣泛地閱讀，也未能大量地吸收各種新知。

五十歲以後，當我逐漸謝絕塵世的煩囂，開始靜下心來讀書，並把讀書變成空閒時唯一的消遣，我才逐漸養成讀書的習慣，也才逐漸養成沒有目的的閱讀習性，方能領會出純粹讀書的樂趣。

當我沉湎於閱讀時，發覺這是修身養性的最好方法，我一有空閒，就打開一本書，鑽入書中，完全忘卻外界的羈絆，讓小說的劇情帶領我神遊高潮起伏的世界；或者讓知識引導我進入未知的領域，我無所不看，任何書都可以是陪伴我度過空閒時間的伴侶。

我確定養成讀書的習慣是最好的事，可是習慣如何養成呢？

首先，要確定閱讀節奏。我用每週一本書、每月四本書的節奏設定，每個月我固定上兩次書店，搜尋可能的新書，而當線上書店成熟後，我改成每週上網搜尋新書，最後並成為線上書店的會員，隨時接收書店推播的新書訊息，並保持每月固定購買四本以上新書的習慣。

買了書，就會逼迫自己隨時要閱讀，因此每天我一定會隨手帶著一到兩本書，只要一有空閒，就可閱讀。按這樣的節奏，每週約可讀完一本書。

後來，當電子書逐漸風行之後，我更成為電子書的愛好者。電子書的好處是減去了我隨時攜帶紙書的困擾，可將所有購買的電子書全部下載到手機中，想看哪一本，隨時都可以看，再加上電子書的閱讀功能越來越完善，可畫線、可註記、可分享，而且可以隨時記錄前次閱讀的章節，這讓真正喜愛閱讀的人進入了一個全新的領域。

電子書還有一個好處，在出國時間，隨時可以閱讀手機中已下載的書籍，免除了實體書攜帶上的困擾。

當我下了每個月買四本書的決心之後，隨手閱讀的習慣也就會被逼得慢慢養成，而使自己成為一個終身喜愛閱讀的愛書人。

社會上所有的成功者幾乎都是愛書人：比爾．蓋茲、巴菲特、馬克．佐伯格、張忠謀……這些知名人物除了自己愛書、讀書，每年還會推薦各種書單，供大家參考，所以想成為成功者，務必培養自己的讀書習慣，把自己變成一個愛書人。

後記：

❶要養成讀書習慣，下決心是關鍵，而決心不要下得太大，每個月讀兩本書已經足夠，待真正養成讀書習慣，再逐步增加。

❷要養成隨時帶一本書在身邊的習慣，只要有空閒，隨時可讀書。

❸電子書是個好選擇，一台閱讀載具中，可容納許多書，方便攜帶。

❹加入世界上所有成功者的讀書行列吧！

18-3 遇到困難就去找一本書

全世界已出版的中文書達到數十萬種，這些書博雜精深，無奇不有，涵蓋各式各樣的主題。大多數的書都可對應一種困難的解決，讀者只要遇到困難，就可以去找一本書尋求解法。

解決困難的方法，不外找人問、找書讀。找人問不見得隨時找得到，可是書永遠在那裡，只要去找，大都可以得到。

在一個公開場合，聽到研華科技創辦人劉克振的演講，他提到在經營公司時，只要遇到困難，他就去找一本書，尋求解答。

他會到誠品等大型書店，翻閱各種書籍，而幾乎每一次遇到困難時，都能找到一本書，書中提到相關的問題，提供了解決問題的方法。有時候雖然找不到相關的書，但一些不相關的書提到的觀念，也能提供他解決問題的方向。

劉克振和我一樣，我們用了相同的方法解決問題。

我還記得五十歲那年，我的血糖出了問題，當醫生確定我得了糖尿病之後，我第一個反應是到金石堂書店，找尋健康類的書櫃，仔細瀏覽所有相關書籍，架上約有二十餘種糖尿病的書，我仔細挑選之後，買了其中七本，有一本是很厚的糖尿病全書，是權威的健康研究機構所著，還有一本是入門的Q＆A，簡單易讀，其他還包括成功克服糖尿病友的現身說法，以及各種治療方法的書籍，都是知名醫生所寫。

當我回去花了三天快速瀏覽完這些書之後，充分了解了糖尿病，並開始逐漸調整我的生活習慣，再配合醫生的治療，找到了與糖尿病共存的方法。

這是問題明確、主題清楚的困難，市場上很容易找到解決的方法。我在工作及生活中，大約有一半的問題，都屬於這類型，不論是上個Google或者到書店尋找專書，都不難解決。

可是另有五〇％的問題，主題不明確，也無清楚的類型，就不容易找到直接正相關的書，這時候除了用同樣的方法去找書，定向搜尋之外，更可能的方法是從過去已閱讀的書中找答案。

我會先憑記憶，回想過去所讀的書籍，哪一本書有提到相關的問題，再把這一本書仔細讀一遍，然後從相關的主題下去找書，總會找到可能的啟發。

我每個月都會買書，每年書展的折扣期，更是我大量買書的時候，我選書絕不追逐流行，書總要等它上市一段時間，經過市場及時間的考驗之後再買，每年總要看個數十本，其中的知識除了少數是有針對性要解決問題外，大多數的知識就只是增廣見聞，備而不用。

「遇到困難就去找一本書」是自力解決問題的方法。可是我看到社會上大多數的人，解決問題要靠他力、靠別人的力量，方法是到處問別人。我常被問到一些我不敢隨便回答的問題，因為我的回答可能決定對方的作為，而其結果對提問者有絕大的影響，我的不隨便回答是負責任的，可是大多數人會得到不負責任的答案，其後果可想而知。

我鼓勵所有人要多看書，要養成閱讀習慣，看書是排遣時間最好的方法，也是解決困難最有效的方法，沒事就翻翻書吧！而遇到困難，更是要去找一本書來讀！

後記：

❶在當今網路時代，要找一本書倍加方便，只要搜尋，立即可得。

❷如果我們的問題找不到明確相對應的一本書，那就要多花一些工夫，從相關的書中尋求解決之道。

❸有時候，一個問題要從許多書中找到答案，主要是多讀幾本、互相印證，以求得最正確的解答。

❹有時候讀書並非尋求解答，只是預先儲存知識，以備未來之需。

18-4 學習五法：讀、聽、看、問、做

人的一生，學無止境，要不斷學習，永遠進步。學習是改變一個人最有效的方法，學習的方法很多，讀、聽、看、問、做，都是學習。

體制中的學習，在課堂中，由老師教、學生學，這是定向的有形學習。在離開課堂後，仍然可以學習，隨時都可以透過讀、聽、看、問、做，完成學習。

一個我十年沒見的老友，見面之後發覺他已變成一個知名的業餘攝影師，走遍全世界拍攝各種照片，也得了許多獎，可是他的正式工作完全與攝影無關，我很好奇，他是如何變成一個業餘攝影師的？

他告訴我：近四十歲時，一個偶然的機會接觸攝影，因為拍出了一些還不錯的照片，從此受到鼓勵，開始認真去學習，先是自己看書學，接著也接觸了一些行家，再努力與行家學習，交流經驗，再不斷地自己拍，經過了近二十年，他就成為一個攝影

專家了。

這是一個典型的學習故事，年輕時候的許多朋友，經過數十年後，有人變成經濟學家，有人變成企業大老闆，有人變成藝術界的名人，當然也有人變成電腦專家、甲骨文專家、紅酒專家，只要努力學習，都可以有一番成就，在社會中占有一席之地。

學習是一個人改變的關鍵，也是成就事業唯一的方法，只要肯學習，持之以恆，假以時日就能滴水穿石，鐵杵成針，成為受人尊敬、領導潮流的人。

學習是人一生中最重要的能力，也是必須學會的能力，學會學習，一切都將隨之改變。

學習可以分成幾個不同的方式：在學中學、在聽中學、在問中學、在看中學、在做中學。

人生的前二十年，是專業的學習時間，生活的全部都是學習，在家庭、在學校，我們的職業就是學生，這是「學中學」。

在學中學的階段，最主要的學習方法是讀書，是聽講，是跟老師學，目的在成就一個人最基本的知識和專業，也在培養一個一生受用的學習習慣。

離開學中學後，就進入一生的自我學習歷程，要在每一天的生活、每一天的工作中自我學習，而最重要的學習方法則是在「聽中學」、在「問中學」、在「看中學」與在「做中學」。

我們會聽到別人的經驗，會遇到各式各樣的專家，「聽」是一種無所不在的學習，只要記住別人所講有用的知識，就會有所長進。

我們也會看到別人所做的事，觀察到別人的做事方法，這也值得學習，對懂得學習的人來說，看到就可以學到。

我們也會從事各種工作，實際下手做事，在工作中我們會做對事，也會做錯事，只要記取對的經驗，避免重複做錯事，這就是在「做中學」。

我們遇到不懂的事，也會向懂的人提問，這是在「問中學」，問中學是主動的作為，我們一定要有疑、有不懂，才能提出問題，也才能主動學習，在聽、看、做之間隨時要提問，才能發揮最大的學習效果。

而讀書則是一生學習最重要的關鍵，書是針對單一主題一次性徹底的解答。我們只要有心，都可以找一本書來讀，一次學會一種知識或專業。不讀書的人，就是一生不知長進的人。

人要養成喜歡學習的習慣，才能改變一生。

後記：

❶要成為專家、達人，通常是一生的追逐，在生活中、在工作中，不斷地積累、學習，才能成就專業。

❷聽與問，是跟別人學習的方法，遇到專家，要問要聽，以吸收他們的經驗，成為自己的知識。

❸看，是在生活及工作中不斷地觀察，分析其方法，解讀其奧妙，這是不需要別人協助的偷學。

❹做，是每經一事，透過做就逐漸學會，所以不要抱怨多做，做得多也學得多。

後記

五十歲後的探索學習

五十歲後，我才真正展開人生的探索！

在五十歲之前，我忙著眼前的工作，急著做事，匆忙地生活，沒有時間停下來看看世界、想想自己！

我的探索都從在《商業周刊》的專欄開始，每週一次不斷地回顧一生的點點滴滴，而每一次的回顧，都讓我愧疚難當，年輕時所犯的錯誤，一一湧上心頭，而我也為這些錯誤尋求解答，不時地問自己，如果有機會重來，我如何能不犯錯呢？

於是我把曾經犯下的錯，以及自己找到的解答，都寫在專欄中，用白紙黑字坦誠地向自己告白，也跟所有讀者一起分享。

我的動機很簡單，我一向認為：要坦白認錯，才有機會真正改錯，我用專欄昭告周知，這是最大誠意的認錯，至於讀者是否受用，我並沒有多想。

沒想到這樣的專欄內容，得到讀者極大的認同。在公開的場合，有讀者當面表示喜歡我的專欄，有的還對內容如數家珍。網路上也常常轉傳我的文章，有幾次還轉到我的電腦上，只是原作者名字已經不見，但我知道這是我的文章。

大約兩年之後，商周出版的編輯告訴我：專欄應該集結出書。他的理由很簡單，我的文章在網路上被轉傳的頻率，足以證明專欄的內容是受歡迎的。對此我並無意見，想出就出吧！

於是我把兩年多來的文章集合起來，忽然發現，這是我一生成長的寫照，也是我一生犯錯、改錯的過程，時間就是我從一個工作者，到小主管，再到創業，我最後的職位是社長，全書就是我自己的學習成長筆記！

至於書名，我用了兩個日文的漢字：「自慢」，其意是自己最拿手的得意之作，我用來形容自己一生都在追逐、學習最拿手的能力，有了核心能力，就可優游自在！

《自慢》出版之後，一紙風行，老闆買給員工看，主管買給部屬看，朋友推薦給朋友看，父母親買給兒女看，當然最多的是工作者自己買來進修。我則是陶醉在讀者認同的虛榮中。

我的編輯告訴我，應該繼續出版續集。

於是我靜下心來，為自己規畫了長期的寫作計畫。我從一個工作者，變成帶人的小主管，再獨立創業，這是我人生的三階段，第一階段寫工作者，第二階段寫主管，第三階段寫創業，於是自慢三書的寫作計畫就成形了。

第二本《主管私房學》，寫的是我充滿錯誤、挫折的主管歷程，我從一個不相信管理、也不需要別人管理的工作者，到擁抱管理，學習管理，成為把管理變成自慢絕活的人。我決定把管理的金針度給所有的主管，好主管可以讓工作者少一點災難。

第三本《以身相殉》，寫的是創業。我用書名點出了創業的核心精神：要用一生去投入，永不停息、至死方休。我也是從失敗的創業者、從鬼門關中走回來，慢慢摸索找到正確的方法，歷經七年的虧損，才終能反敗為勝。

看完三本書之後，讀者可能已經成為一個成功的工作者、主管或者創業家，有身分、有地位，也有財富，但這樣的人做人成功嗎？會受人尊敬嗎？自己午夜夢迴，也會問心無愧嗎？

我的答案是不一定，因為我在自我反省時，常對過去的一些作為十分悔恨，因為我處世精明，能把事情做好，可是我在不知不覺時，為人也十分精明，精明則計較，計較則不厚道，不厚道則對人有虧，對人有虧則終身遺憾。

這樣的檢討促成了我的第四本書：《聰明糊塗心》，期待自己成為一個為人厚道、仰俯無愧的人。

要成為仰俯無愧的人，就要把自己修煉成君子，一生的切磋琢磨，又是必要的過程，這又變成了我的第五本書：《切磋琢磨期君子》。

接下來我的寫作進入了一個功能性的主題：學習，學習是人一生改變的關鍵，因學習而成長，因學習而提升能力，我分享了一生自我學習的方法，包括自學與偷學。這是第六本書：《自學偷學筆記》。

中國國學是我一生的最愛，尤其五十歲之後，各種古籍成為我閱讀的重心，我從中吸收到許多為人處世的養分，我把這些反思再加上我對國學的讀書心得，彙整成《人生國學讀本》。這是第七本書。

出到第七本書，我在《商業周刊》的專欄仍持續，我轉而用「對與錯」的觀察角度來看人生、看職場，而我在職場中的角色是管理者，因此我就聚焦在管理者的對與錯。在二〇一六年，我一次出了兩本書：《人生的對與錯》與《管理者的對與錯》，這距離我出第一本《自慢》已將近十年。

其實在出第八及第九本書時，我就有一個念頭：就把自慢系列停在十本吧！因此我就同時構思第十本自慢的主題。

我回頭設想所有人最基本的人生目標：無非是做一個生活無虞、自在瀟灑的人。至少要能滿足最基本的生活需求，進而得到財富上的自由，這是一個成功者最起碼的條件。

可是現在在台灣，許多年輕人擔心未來，二十二K的說法盛行，要成為一個人生的成功者，似乎十分困難，大家心中都瀰漫著悲傷的氛圍，我覺得有必要改變一下社會的看法，給大家一些希望。

我的最後一本自慢，決定告訴年輕人如何成為成功者，達到衣食無虞、財富自由的境界。過去數十年，我是這樣走過來，未來只要用同樣的方法，大家都可以成為人生成功者。

我解析了十八項的修煉，我們只要修煉完成這十八項人生特質以及能力，就必然能成為財富自由的成功者。

其實這十八項修煉，主要是在改變人與生俱來的弱點，我們只要能透過修煉，避開這些弱點，就可以超越大多數人，做出一番事業，功成名就，財富自由。

十年十書，都在探討人生、工作與生涯，這是一條永無止境的探索之路，讓我們攜手前行吧。

國家圖書館出版品預行編目（CIP）資料

自慢10：18項修煉：成就自我、人生快意的必修課／何飛鵬著. -- 初版. -- 臺北市：商周出版：家庭傳媒城邦分公司發行, 2017.01
面；　公分. --（新商業周刊叢書；BW0622）
ISBN 978-986-477-149-3（平裝）

1. 職場成功法

494.35　　105021694

新商業周刊叢書 BW0622

自慢10：18項修煉

成就自我、人生快意的必修課

作　　　者／何飛鵬
文 字 整 理／黃淑貞、李惠美
校　　　對／呂佳真
責 任 編 輯／鄭凱達
版　　　權／黃淑敏、翁靜如
行 銷 業 務／莊英傑、周佑潔、石一志

總　編　輯／陳美靜
總　經　理／彭之琬
事業群總經理／黃淑貞
發　行　人／何飛鵬
法 律 顧 問／台英國際商務法律事務所　羅明通律師
出　　　版／商周出版
台北市10483民生東路二段141號9樓
電話：(02) 2500-7008　傳真：(02) 2500-7759
E-mail: bwp.service @ cite.com.tw
發　　　行／英屬蓋曼群島商家庭傳媒股份有限公司　城邦分公司
台北市10483民生東路二段141號2樓
讀者服務專線：0800-020-299　24小時傳真服務：(02) 2517-0999
讀者服務信箱E-mail: cs@cite.com.tw
劃撥帳號：19833503　戶名：英屬蓋曼群島商家庭傳媒股份有限公司城邦分公司
訂 購 服 務／書虫股份有限公司客服專線：(02) 2500-7718；2500-7719
服務時間：週一至週五上午09:30-12:00；下午13:30-17:00
24小時傳真專線：(02) 2500-1990；2500-1991
劃撥帳號：19863813　戶名：書虫股份有限公司
E-mail: service@readingclub.com.tw
香港發行所／城邦（香港）出版集團有限公司
香港灣仔駱克道193號東超商業中心1樓
E-mail: hkcite@biznetvigator.com
電話：(852) 25086231　傳真：(852) 25789337
馬新發行所／城邦（馬新）出版集團
Cite (M) Sdn. Bhd.
41, Jalan Radin Anum, Bandar Baru Sri Petaling, 57000 Kuala Lumpur, Malaysia.
電話：(603) 9056-3833　傳真：(603) 9057-6622　E-mail: services@cite.my

封 面 設 計／萬勝安
印　　　刷／鴻霖印刷傳媒股份有限公司
經　銷　商／聯合發行股份有限公司　電話：(02) 2917-8022　傳真：(02) 2911-0053
地址：新北市新店區寶橋路235巷6弄6號2樓

■2017年1月3日初版1刷
■2024年2月5日初版15.8刷
Printed in Taiwan

定價360元

城邦讀書花園
www.cite.com.tw

ISBN 978-986-477-149-3